U0057365

文經文庫 248

左手行銷力 右手業務力
—職場必修的2堂課—

邱文仁 黃至堯◎著

文經社
COSMAX
PUBLISHING Co.
Since 1981

前言

讓你學了就不會後悔的能力

邱文仁

除非你是含著金湯匙出生、生來大富大貴的人，否則你無可避免的，總有一天要面對職場的挑戰。

不過，依我觀察，其實有很多家境優渥的人，還是很努力的投入職場。因為在職場這個競技場，充滿喜怒哀樂、起起伏伏的轉折，其實是很好玩的！

既然大部分人不可避免的要面對職場，我覺得那不如就讓自己成為一個職場的搶手貨或贏家，透過競技，你可以從工作中獲得互動的快樂、達成的成就感及物質報酬。

讓自己成為職場的搶手貨或贏家不簡單，但絕對是有方法，可以經由努力做到的。我建議：

首先，你要找到對自己最有利的出發點，也就是找到你工作的強項，讓你的強項應用在職場。這是一個很好的起點及核心價值。

然後，圍繞在這個核心價值，不斷的增進實力，讓你成為這個領域的翹楚。在這個過程中，不可避免的要與許多喜歡或不喜歡的人互動，你如果掌握了關鍵人物的心，事情才會順利。

所以，你很難不碰到所謂的「辦公室政治」，並與它共存。你要同時掌握專業實力及人際手腕，才會變成職場的搶手貨。

完成兩件不簡單的事

要讓自己成為職場的搶手貨前，必須先談談什麼是你職場的「強項」。你的工作強項，就是你做起來比較快樂，學習起來既有興趣、學得快，即使辛苦也不覺得痛苦的那些職務。

現在，有很多人透過性向測驗來瞭解自己，或很年輕就實習打工開始摸索，這兩種方法我覺得都不錯！但是愈早開始愈好。

職場的「強項」是要尋找的，也可以透過培養。我個人在大學念的是社會系，在美國念的是藝術，其實都不是熱門科系。

但我最幸運的一件事，就是我在三十歲前，在廣告公司發現「行銷」是我最有興趣的強項。從此以後一頭栽進「行銷」領域，學習及應用「行銷」的各種工具及方法。我發現自己的強項不算早，但光是這個發現，就讓我終於有個比較好的開始。

行銷領域範圍很廣，包括廣告、企劃、活動、公關、媒體等領域，是永遠學不完的。學不完的領域，是比較好玩的，就好像打電動要一關一關過才有趣一樣。

後來網路盛行，「網路行銷」愈來愈重要。因此，我還得跟比我年輕很多的人學習（網路上知名的「雨傘王」陳慶鴻，是我的部落格行銷老師）。雖然一路走來學也學不完，但是因為覺得非常有趣，也不覺得厭煩。

我從一〇四人力銀行是一個小公司時開始加入。在加入之前，我已在兩家外商公司，且都是領導品牌工作了三年。加入小公司的好處是，因為什麼都要自己做，所以我有機會可以去碰很多不同的領域。

從寫一〇四人力銀行的第一篇新聞稿、辦第一場記者會、出第一本書開始，到經營網站、辦活動、上媒體、做廣播、電視、媒體採買到製作廣告等等，每一件事都很好玩！

在辦記者會時，曾碰到Tony陳跟呂秀蓮副總統求婚，因此影響了媒體的出席率，也碰到淹大水，電視台SNG轉播車都到南部去的緊張狀況，不過這都是在行銷活動過程中的經驗。

因為在經營知識性行銷，我非常執著於分析就業市場的求供比數字。長期的觀察與發現是：

業務人才永遠不夠（因此業務人才永遠有工作）。並且我認知到：「業務」跟「行銷」，其實是一體的兩面。

「業務」跟「行銷」的共同目標，都在完成兩件不簡單的事：把「思想」灌輸到目標對象（可能是消費者）腦海中，同時，使目標對象（可能是消費者）把錢掏出來。

愈是不景氣，老闆愈重視業務人才。於是我也多次爭取公司的同意，讓我可以有機會見客戶，磨練我的業務力。

我幾次代表公司爭取了企業的大型招募案，透過和客戶面對面溝通，替公司帶進業績。這絕對不是為了獎金，完全是為了磨練業務力，讓自己的行銷力得以延伸。

本書另一作者—我的好朋友黃至堯先生，是業界有名的業務高手。他是一個業務實力強，很喜歡挑戰的人。

黃至堯這幾年專門賣難賣的產品，到大陸開發新市場也頗有成績，我們經常在切磋業務及行銷的經驗及想法，應該算是彼此的老師。

我們都認同，業務跟行銷是「有趣」且有「成就感」的工作，當然，它們也伴隨了壓力。未來的世界是愈來愈需要業務跟行銷人才。而且，業務人員如果通行銷，將會如虎添翼；行銷人員如果通業務，將更有臨場感，行銷的判斷將更精準。

選「業務」？還是選「行銷」？

一個求職者到底該選擇「業務」還是「行銷」職務呢？它還是有差別。

我建議可以從幾個面向去思考。

如果你對於「學習新知識」非常有興趣，喜歡用不同的工具及方法來傳播想法並影響人的行為，可以多考慮「行銷」職務。

一個行銷人一定要不斷的學習新工具，並利用數據及統計來印證及修改行銷手法。行銷人是敏感而熱情的，是精力充沛的；但也必須有極大的耐心「長久經營」你所行銷的產品。如果你覺得以上的描述和你類似，選擇行銷職務應該滿適合的。

不過，幾乎大部分企業的行銷部門，都很少雇用沒有工作經驗的菜鳥，這是因為企業的行銷人員往往要立即騎馬打仗。

所以企業行銷部通常比較喜歡雇用廣告公司或公關公司培養出來的人，而廣告公司或公關公司對社會新鮮人的接受程度是高的。我當初就是在廣告公司做了三年，才跳到企業的行銷部門。

另外，如果你是一個喜歡交朋友，喜歡與客戶直接的溝通，喜歡透過自己的魅力、專業及好感度把自己的思考放進客戶的腦海中，也把客戶的錢掏出來的人，從事「業務」職務是滿適合的。

當然，業務人才的抗壓力通常要比行銷人才更高，因為會碰到形形色色的客戶，當然勤勞也是最必要的。

不過「業務」和「行銷」的差別是：「業務」職務是唯一可以打破一般薪資行情的職務，對於勇於爭取高報酬的人，絕對是不二選擇。

另外，大多數的業務職務不堅持求職者的學歷背景，反而比較考驗個性的競爭力，這給很多人當業務的機會。

我跟黃至堯先生另一個共同的認同是：不管你是不是從事業務或行銷工作，你要成為職場的搶手貨，你終究得「懂得」業務及行銷。

例如你開始找工作，你的履歷表及自傳，就是把你「行銷」到企業的工具。其實，進職場的第一步：求職，就已經在考驗行銷能力了。

還有，就算現在最專業的工作，例如醫師、律師等等，你認為他們不需要有業務及行銷技能嗎？那你就大錯特錯了。如果專業人士沒有業務及行銷技能，結果就是沒有客戶。如果沒有客戶，專業也就無從發揮。

培養別人對你的「好感度」

另外一個我們共同的認知是：從事業務及行銷，都需要培養所謂的「好感度」。因為你必須透過你的好感度，才有機會把自己的思考放進對方的腦海中，也才有機會把對方的錢從他的口袋掏出來。如果你擁有「好感度」，你的人生也會比較快樂。

所以，透過工作的磨練來培養「好感度」，是一件很有趣也很有價值的事。因此本書也會對「好感度」著墨頗多。

我跟黃至堯先生都認為，既然業務及行銷技能這麼重要，又那麼有趣，那我們為什麼不寫一本書，來分享我們對業務及行銷的經驗及看法呢？

如果讀者透過我們的業務及行銷的經驗分享，開始瞭解其中魅力並得到啟發，打算開始學習，我相信也開始抓到邁向職場達人的路途，那豈不是好事一件？

也就基於這個理由，我們開始寫了《左手行銷力 右手業務力——職場必修的2堂課》這本書，試圖向你介紹業務及行銷的領域。

相信我，不管你在什麼職務，學習業務及行銷，你都不會後悔的。

目次

Part 1 投入行銷的魅力世界

Part 2 投入業務的魅力世界

Part 3

增進別人對你的「好感度」

Part 4

提升溝通能力

Part 1
投入行銷的魅力世界

其實你每天都在行銷

學習「行銷」真的很好玩，
因為隨時都有人、事、物可以學習，
手法與工具也愈來愈多。
你可能沒有想過，受女性歡迎的花花公子，
也是一種「行銷高手」呢？

在職場裡，行銷不只是一個部門，一種工作性質，更是一種基本能力，一種人人都需要的基本能力。

為什麼你需要行銷力？答案其實很簡單。

這個世界有很多你想要的東西，例如金錢、地位、愛情、友誼、尊重等等珍貴、有價值的東西。但是即使你是個努力的好人，卻也未必能得到你心中所期盼的那些有形的、無形的及有價值的東西。

也就是說，光是靠「努力」，還是不夠的。

但身而為人，你總不能輕易放棄追求你的夢想，否則你就變成一個眼神空洞，沒有靈魂的人。人生要擁有企盼及目標，但如果你只是盲目的衝刺，可能白忙一場，因為總是徒勞無功，只會讓你感到憤世嫉俗。

因此，我們不得不思考，什麼才是追求那些美好的目標的「對的方法」？

我認為，其中有一個很關鍵的答案，那就是，你有沒有「行銷力」？

經過很久我才發現，在生活中的每一個環節，都需要發揮「行銷」的功能。你必須懂得行銷，才能夠得到身邊人們支持，才能達成你的目的及完成你的渴望。

日常生活裡的行銷

「行銷」不只是在商業世界地位卓越，在日常生活也是如此。例如：

面對情人時，你在「行銷」你的感情。

在教育子女時，你在「行銷」你的價值觀。

在公司裡，你向老闆「行銷」自己的提案。

政治人物，他們「行銷」自己的政見給選民。

這些「行銷」的過程和原理，和商業社會的「行銷」一樣，都是為了取得認同，然後得到某種有價值的回饋。

事實是，我們隨時隨地都在進行推銷，希望別人接受我們的想法，採納我們的提議，無論在國與國之間，家人同事之間，甚至親子之間都一樣：

我們就是希望別人接受我們的觀點。

所以，「行銷」是你每天都在做的事。同時，你也和生意人一樣，賣得愈好愈開心。

因此，你可以把自己變成一個「有策略」的行銷高手。

首先，要懂得自己所要銷售的「產品特色」，找出「目標族群」。同時，也會運用「包裝」「廣告」、「公關」等手法，找到「正確的行銷通路」，以達到「成交」的目的。

若以每個上班族都不可避免的「求職過程」舉例：

在求職前，上班族要先要先了解自己的「強項」在哪裡。

再來，鎖定需要你的公司及職位為「求職目標」。

然後，用精心打造的履歷表「包裝自己」，並附上前輩老闆的推薦信「廣告自己」。

到了面試時，則需要溝通技巧「公關」。

最後，透過極佳的行銷通路（例如好的求職網站等等）。

經過這一連串的過程後，相信你一定可以找到一個滿意的好工作。

學習「行銷」真的很好玩，因為隨時都有人、事、物可以學習，手法與工具也愈來愈多。你可能沒有想過，那些受許多女性歡迎的花花公子，也是一種「行銷高手」呢？

部落格行銷

十年前的人可能也完全沒想過「部落格行銷」是什麼？現在為什麼部落格是那麼重要的行銷工具呢？

去年我因為上節目的關係，認識了謝宏波先生。謝先生才三十四歲，是二〇〇八年九月，新創立的「台灣純乳」老闆。經過聊天，我才知道他是從電子新貴轉戰乳品業的「大跨行」例子。

二十六歲時，謝先生就已經在知名主機板大廠做工程師，二十八歲就存了一百萬元，他在電子業賺了約一千五百萬元。二〇〇八年三月以前，他還是宏達電品管部的副理，年薪約二百萬元。

二〇〇八年，謝先生不顧親友反對，辭去了科技業的高薪工作，開店收購酪農剛擠下來的純乳，並開闢銷售管道，他告訴我他的目標，就是「讓客人不用在家養一頭牛，也可以喝到最新鮮的純乳」。他講得眉飛色舞，已經把概念注入我的腦海！

先不論他大跨行的勇氣，及酪農業家庭出身的因緣背景，我所認識的謝先生，是找到了「好產品」，且以活力滿滿的執行力，計劃性的在做「行銷」的聰明生意人。

雖然他在開店第一天就遇到颱風、也同時歷經中國毒奶粉事件，也遇上全球不景氣的衝擊，但自創經營的台灣純乳業績一枝獨秀，開店三個月就已日銷二百公升鮮乳。也讓他訂下五年要開店五十家的目標。

從一家賣牛奶的小店開始，謝先生卻因為從科技業主管的訓練，深切體認「行銷」的重要性並實踐。

一開始，他先運用了他的個人故事，從電子新貴到賣牛奶工作的反差，以

「故事性行銷」上了許多媒體。

再來，他也運用了現在最流行的部落格行銷。從部落格中，你可以看到這家賣牛奶的小店經常性的在做各種活動，包括贊助腸病毒篩檢的公益活動，或是把乳牛帶到現場的創意性行銷活動。

特殊的點餐券

我印象最深的，是謝先生設計的「點餐券」，非常有特色。有別於一般的MENU。

台灣純乳的「點餐券」，除了列出一定要有的飲料種類、價格外，最有特色的就是每一個產品的「成份」及「好處」都詳細列出。

例如「蜂蜜純奶」一項好了，在「成份」欄，列出水、糖、維生素K、B1、B2、B6及鈣、鐵、鎂、鉀、鈉等礦物質；在「好處」欄，列出「安定精神、通便、滋補養顏、治口腔炎、清熱補中、解毒潤燥、止痛」等等。

台灣純乳在點餐卷上的一百種產品，都是這樣表現的。

把產品的「內涵」及「好處」告訴消費者，讓消費者有了好感度進而產生購買，這就是行銷的目的。

光是點餐卷上的產品好處的詳細說明，就讓台灣純乳的產品格外有吸引力；但過去很少有人這麼做呢！

這樣我又學到了一課。

據我所知，謝宏波先生很快的複製了他第一間店的成功經驗，在內壢開了第二間店，朝五年開店五十家的目標邁進。

所以，「行銷力」幫助你往目標快速前進！而且，由於行銷的手法變化多端，學習行銷，真是一個非常好玩的過程。

行銷是個持續進行式

在過去所採取的行銷行動，
都會在一陣子後產生作用。
所謂進行行銷，
是需要付出精神，
想辦法令別人留下好印象的方法。

有個老掉牙的成語說：「學如逆水行舟，不進則退」。但這句話用在行銷領域裡，卻是不變的真理。

不知不覺的，從事行銷工作已經十四年了。

我最深刻的感受之一，就是如果已經設定一個「目標」，然後圍繞著這個「核心價值」一直持續發聲，一段時間後，絕對會產生影響力。但比影響力更重要的就是：

圍繞在核心價值的「持續的努力」。

經營「一〇四人力銀行」這個品牌，對我來說是人生中難得、有趣的挑戰及經驗。

「一〇四人力銀行」的產品是虛擬的線上服務，是摸不著、看不見的東西。所以，多年前我們就決定以「職場專家」，成為「一〇四人力銀行」的定位。

既然是「職場專家」，那所有的行銷活動就得圍繞著這個主軸，且不斷的努力。包括透過數字分析產生的新聞資料的定期發表，包括經常在舉辦的講座及徵才活動，包括跟職場相關的教育學習、外包、獵才、派遣、創業、家教等服務的建置，及一年三百場的演講等等。

當然，也要包括一〇四人力銀行的廣告，我們須以職場的正確、趨勢性資訊，做為最主要的訴求重點。

這樣長期、不間斷的努力，絕對會開花結果。舉例來說，以二〇〇八年兩大入口網站「Yahoo！奇摩」與「Google」上，被搜尋最多的關鍵字分別是什麼？

答案就是「一〇四」。

根據兩大入口網站發布的「二〇〇八年度台灣關鍵字搜尋排行榜」，「一〇四」分別居於「Yahoo！奇摩」關鍵搜尋字的第一名，以及「Google」排行第二名，僅以些微差距緊追第一名的「YouTube」，可見一〇四人力銀行的知名度及網友心中的地位。

現在「一〇四」已成為台灣民眾上網找工作、找人才的代名詞，也是十二年來品牌行銷的心血結晶。

行銷是個長期的「進行式」。在過去所採取的行銷行動，都會在一陣子後產生作用。

所謂進行行銷，是需要付出精神，想辦法令別人留下好印象的方法。

如果看重這個產品，就不可以因為忙碌、或資源不足而忽略了行銷、減少行銷的努力。有些人即使對新生意有所謂「不能停止的需求性」，仍然可能因為忙碌的緣故，偶爾也不像平日時那樣的積極開發。

然而就在這段停止成長的期間，往往會導致下一個時段的無力感。等到十分需要外界的資源和幫助時，驟然發現和外面的世界失去交集。這是非常可惜的事情。

要懂得感動，才能感動他人

就算再忙，
也要打開「視覺、嗅覺、聽覺、觸覺、味覺」，
用心去觀察、體會及感動。
因為，行銷人一旦有「感動的體質」，
就能轉換成創意，
然後會有更好的想法及表現。

在職場裡，為了賺取更多的利潤，無論需要什麼，公司都可能會提供協助。但唯一無法提供的，就是讓人「懂得感動」，因為這需要靠你自己先打開「視覺、嗅覺、聽覺、觸覺、味覺」。

前年的農曆年前，我們正在籌備一〇四人力銀行新一波的電視廣告。由於原本合作的外部創意人員，在廣告創意還沒有完成之下，就離開了台灣；可能是由於溝通不易，她在海外提出了好幾次腳本，一直無法讓我的老闆滿意。

隨著開拍的時間壓力，我的心情愈來愈緊張。後來，我無法等下去了！我乾脆召集行銷部門同事集思廣益，一起來想廣告腳本。

沒想到，同事在很短的時間之內，就提出了好幾支令人驚喜的腳本，讓電視廣告可以順利的開拍。

這次，我們所設定的廣告主題，是「好人才，創造企業的大未來」。其創意的源頭是：

在職場的各各角落，都有一群默默付出，替企業創造價值的「無名英雄」。他們可能只是你天天接觸的小人物，但是他們的工作態度及服務精神，是不會輸給任何人的。

那麼，要如何在短短二十秒的廣告片中，把這群「無名英雄」的行業角色清楚的勾勒出來？這是創意的一大考驗。

雖然行銷部門的同事，並非廣告創意的專業，但我們知道：「**先要懂得感動，才能感動他人！**」所以，我們可以找到不同職業，令我們感動的「職業性格」，然後透過廣告手法「放大」，進而感動他人。

所以，我們先設定了幾種工作者的角色，接著，找尋這幾種角色的特質，然後嘗試要寫出「幽默、感動」的腳本。

令人會心一笑的「工作美」

我先拋磚引玉。我首先想到的感動畫面，是上次我去一〇一大樓四樓吃飯時，有個川菜餐廳的服務人員相當能幹。她不但要負責點菜、清理桌面、帶位、結帳、還邊接訂位電話。雖然很忙，可是她隨時面帶微笑，還可以安撫等位子的客人，真的很厲害！

想到當天她帶給我的感動，我寫了一支腳本：

面帶微笑的能幹女服務生正在寫黑板：今日特餐×××
面帶微笑的能幹女服務生正在向客人推薦好吃的菜
面帶微笑的能幹女服務生正在幫忙帶位
面帶微笑的能幹女服務生不停的接訂位電話
同時，還得安撫等入座的饑餓客人

下班了
女服務生在公車上昏昏欲睡
忽然手機響起
女服務生馬上打起精神，面帶微笑的說：快樂小館你好！
電話那頭傳來媽媽的聲音：「佳蓉，我是妳媽啦！什麼快樂小館！」

後面的回馬槍，是我想到部門的同事，常常回到家了，接電話還會不由得說：「一〇四您好！」很妙吧！

對於相當「投入工作」的人來說，即使下班了，還是無法馬上跳脫職場的習慣，這或許也是一種令人會心一笑的「工作美」。

我的同事也想出一些很妙的橋段。

我們想描寫「工程師」的「精準」，已經到了「龜毛」的地步。那要如何表現才會好玩呢？

婉倩先想到一個工程師「煮稀飯」的橋段，腳本中，那個「龜毛」的工程師連「煮稀飯」，也得堅持七十五度C的溫度。

這點子蠻妙的！不過，我的老闆覺得「煮稀飯」和「工程師」之間，不容易連結！

OK，那我們繼續想！

感動他人的能力

後來，我們想到過去有一位台積電八吋晶圓廠的工程師，訂了八吋生日蛋糕，卻發現少了一公分左右而抗議的有趣新聞。

於是，我們就把「煮稀飯」改成「八吋生日蛋糕」的廣告腳本。大家都覺得很好玩，「工程師」腳本就通過了。

關於「業務人員」的腳本，其創意發想是來自於我們公司的一位業務經理，他曾經告訴我們他在一通電話中有「八個插播」，所以佳蓉想到了一個「不漏接任何電話的業務人員」的腳本。

這個業務員以他的傻勁及拼勁，替公司創造價值，橋段也很好玩。

我們希望，在這些我們平日就會「有點感覺」的職業性格中，可以透過電視廣告的誇大、幽默、溫馨等手法，觸動觀眾的心。

所謂「行銷工作」，就是透過方法「感動他人」，來改變消費者的行為。所以「感動他人」的能力，對我們行銷人是很重要的。

但是，「先要懂得感動，才能感動他人！」

雖然行銷人工作總是忙碌，我還是一直鼓勵我們同事，就算再忙，也得打開「視覺、嗅覺、聽覺、觸覺、味覺」，用心去觀察、體會及感動。

因為，行銷人一旦有「感動的體質」，就能轉換成創意，然後會有更好的想法及表現。

親愛的，我把行銷費用變大了

在這個不景氣的寒冬，
我們傳達了「創意與奮起的力量！」
在這個腳本競賽的過程中，
看到我可愛的部門同事的作品，
意外的，我也鼓勵了我自己呢！

壓力是讓人成長的特效藥。

行銷人必須不斷面對「創意」的壓力與「時間」的壓力，但是當你克服了以後，成就感也就更大。

當然，經濟不景氣，企業紛紛縮減行銷費用，所以行銷人這兩年來最需要克服的，還有「預算緊縮」的壓力。

我做一〇四行銷部門的主管，在這一波壓力之下，第一個想到的，當然也是「如何幫老闆省行銷費用」，並「提高部門同事的產能」。

舉例來說，如果我們二〇〇九年轉職季的電視廣告可以「自製」，也就是說從創意發想、腳本撰寫、演出及製作等等，都能在部門內完成，就能替公司省下上百萬的廣告製作費，於是我想出一個好辦法。

我出了七個廣告腳本的題目，以比賽的型式，讓我部門同事任意選擇一個題目投稿及發揮。勝出的腳本創作人，我還會額外給予物質上的獎勵。

我這樣做是想在給大家壓力之餘，再創造一些「遊戲感」。沒想到，效果真的很好！

我給的廣告腳本題目有兩端，一端，是對刊登職缺的「客戶端」，我想透過廣告感謝企業提供工作機會，這不是在拍企業的馬屁，而是：

「如果沒有工作機會，求職者又怎麼會有工作呢？」

另一端的題目，我是想鼓勵求職者，工作再難找，也要撐下去。

結果，一週後我就收到二十三個腳本，有的以文字陳述，有人以投影片表達，設計師還有手繪的腳本及電腦的模擬圖。

然後，我再請業務部門及求職部門主管出來評分，選出了以下五支腳本。

不瞞您說，身為行銷主管，當天的我，真是又驕傲又感動。在提案當天，我看到行銷團隊同事的眼睛閃閃發亮，非常迷人。

以下是初選的五支腳本，後來都把它們做成成品在網路上票選。前兩支，是對提供工作機會的企業主講話的廣告腳本：

篇名：【安定的力量】

最困難的時代，
需要最安定的力量！
謝謝您提供工作機會，
讓台灣人更好！
一〇四人力銀行 www.104.com.tw
最多徵才企業的人力銀行

篇名：【寒冬中的感謝】

每位快樂的孩子都來自溫暖、穩定的家庭，

每個溫暖、穩定的家庭都有辛勤工作的父母。

感謝您提供工作機會給父母，

讓孩子得以溫飽、安穩成長！

一〇四人力銀行感謝每位企業主提供工作機會

一〇四人力銀行 www.104.com.tw

不只找人才 為您找夥伴

我認為以上兩支廣告充滿了感性，即使是工作機會這麼「硬」的素材，還是可以很感性的！

後三支，是對求職者講話。

篇名：【籤詩篇】

財神爺！請告訴我哪有好工作？

籤詩：

『找財必有貴人招

一切求財名得意

臨淵羨魚網先結

事欲順心快上網』

啊！原來菩薩指示的是「找一〇四」啊！

找人才 找工作 請上一〇四人力銀行 www.104.com.tw

這支腳本，很有幽默感！用籤詩的第一個字帶出我們的品牌！讓人莞爾一笑！

篇名：【春回大地篇】

一場深夜暴風雨使人心煩
但唯有
雨過天晴才有燦爛的星空
令人心曠神怡
期待著
四季循環後的春回大地
「一零四」陪你度過每個寒冬
一〇四人力銀行 www.104.com.tw

以上這支腳本也是同理可證！用每一頁的第一個字，帶出我們的品牌！很有趣！

不過，獲得好感度最高的，是以下這支腳本！

篇名：【雨後的彩虹篇】

不景氣中求職確實是件辛苦的事！
求職的道路上，你可能在烈日下奔走，
你也許在風雨中跌倒，
但請不要放棄，繼續昂首前進，
只有當你抬起頭時，才能看見彩虹就在前方不遠處！
不景氣中千萬別放棄！
始終陪你走過求職之路
一〇四人力銀行 www.104.com.tw

【雨後的彩虹篇】獲得最高的好感度，我想有幾個原因：

首先，畫面中出現的演出人，就是我們部門美麗的秘書，美女在廣告中總是吃香。

再來，「你難道不期待彩虹嗎？」這句《海角七號》的經典台詞，在這支腳本裡，是以「只有當你抬起頭時，才能看見彩虹就在前方不遠處！」來延伸，又流行又討喜。

更重要的是，這幾句話想傳達的「激勵」概念，就好像海角七號所傳達的，是現在台灣人最需要的鼓勵，難怪受到歡迎。

其實，這也是我在這個景氣的寒冬，想傳達的「創意與奮起的力量！」在這個腳本競賽的過程中，看到我可愛的部門同事的作品，意外的，我也鼓勵了我自己呢！

「精準」就是王道

在這個不安的年代，
如果能夠理解別人的立場（感同身受）、
正面的看待未來（樂觀面對）、
提供解決的方案（共體時艱），
是可以打動人心的。

假如你問我行銷要注意哪三個重點，我會告訴你：

「第一是精準，第二是精準，第三還是精準。」

行銷人就是要在有限的資源下，還能放大資源，把行銷弄得轟轟烈烈，這樣才會有真正的成就感產生。

就像《海角七號》的行銷人員，在很少的預算下，成功的替這部電影締造票房，心中一定充滿了驕傲及榮譽感。

關於行銷，我的第一個思考點就是「**精準**」。

不景氣，行銷子彈少，所以**廣告一定要打得精準，才不會浪費資源**。以媒體採買來說，我認為「打得精準」有兩個意思。一個是「慎選廣告媒體」，一個是「慎選露出時間」。

「慎選媒體」的意思是，廣告打出來「能見度大」當然重要，但這個廣告露出後，「誰看到了？」這件事似乎更重要。

所以，了解不同媒體及頻道可以觸及哪些不同的目標對象？行銷人必須要「慎選媒體」。

而「慎選時間」的意思，就是：

一，是考慮廣告露出的「時段」，這個廣告時段可以觸及你要的目標嗎？

二，你得思考，這個廣告的目標族群，現在「需要」這個產品嗎？目標族群現在「有錢、有意願」花錢嗎？

目前資源有限，行銷子彈打出的時間剛剛好，才有最大的效果。

精準之外還要動人

廣告打得「精準」外，還要**打得「動人」**才有用。這點從每年「百貨公司週年慶」我學到最多。

我覺得百貨公司週年慶的DM，就是我學行銷廣告的寶典。你從週年慶DM每一波段的促銷玩法的設計、多重優惠的吸引力、商品照片的美感、撩人文案的使用等等，都會把人推向百貨公司買一堆東西。

在不景氣的時候，我覺得最動人的行銷手法，就是「物超所值」的優惠。

當然，賠錢的生意沒人做，但是如何讓客戶覺得「賺到了」，行銷人員要去精算，怎麼樣在公司不賠錢的情況下，給客戶最大的好處。

這時，部分產品的超值優惠的「犧牲打」，往往是必要的。

還有，讓客戶清楚的體會到真正的「利益」也是很重要的。

我曾在週年慶時，搶到過期壞掉的大瓶裝化妝品，感覺非常差。

所以，**「物超所值」**不能只是包裝的話術，要有實質的好處才行。

「物超所值」外，還有**「特色」**。行銷廣告有特色，就有「訴求的魅力」。而魅力的表達，來自於「創意」的層面。

最近我一直在想，在現在的時間點，什麼是可以感動人的元素呢？

我從《海角七號》中學到：在這個不安的年代，如果能夠**理解別人的立場**（

感同身受）、**正面的看待未來**（樂觀面對）、**提供解決的方案**（共體時艱），是可以打動人心的。

你得運用文字力及美感能力，來傳遞這種魅力。而文字力及美感力，應該是優秀行銷人員的「拿手絕活」才對。

另一個「訴求的魅力」來自於貼心。

貼心的力量

最近有一家電信業者，體貼到有人不是天天上網，但卻付了月費上網很划不來，於是推出上網「一天」三十九元方案，我覺得很貼心。

從「承諾客戶的利益」的角度，是很體貼會引起回響的。不過，切記要有實質的承諾。如果不能保證的承諾，不但沒有行銷的效果反而會引起反感。

不景氣，行銷子彈少，行銷人員不妨思考可以跟其他企業「抱著取暖」。我的意思是，如果你的企業形象不錯，就可以找到足以並駕齊驅的合作廠商，以**異業結盟**的方式，把大家有限的資源，結合起來一起做大。

例如電信業者和手機業者合作，消費者和電信業者「綁約」就可以買到便宜的手機。這時，電信業者和手機業者是可以一起做廣告的，這就是異業結盟、互相幫助的例子。

最後，我覺得行銷子彈少時，部門「士氣」要夠。這時候主管的態度是最重要的。

也就是說，主管如何在壓力下仍能保持微笑，不但讓內部同事能瞭解企業的處境，也給與同仁努力的方向及正面的激勵，就可能激發出創意的能量。

畢竟金錢資源少時，人的產出最重要。這端賴主管平日是否懂得「內部行銷」其理念及傳遞做事的方法，如果平日的訓練足夠，不景氣時就能充份發揮戰力，這也是一個行銷主管得面臨的挑戰。

議題行銷——一種想像力的旅程

「議題行銷」是突破預算限制的好方法，
從「觀察」你想要行銷的產品有什麼「特色」，
再考慮是否可以聯結大眾關係的議題，
看看能不能說成一個好故事，
這是行銷人員充滿發現及想像力的旅程。

「議題行銷」是突破預算限制的好方法！那要怎麼開始呢？

我覺得要從「觀察」你想要行銷的產品有什麼「特色」，再考慮是否可以聯結大眾關係的議題，看看能不能說成一個好故事，把它的魅力呈現出來，引發大眾的關心及參與。

這是行銷人員充滿發現及想像力的旅程，我每每用誠意及有效的溝通技巧來傳遞。

豬哥亮的廣告說：「斯斯有兩種」，在行銷的魅力世界裡，方法卻有無限種。

我覺得在行銷世界裡最活潑的一種方法，就是「議題行銷」。

這幾年我在一〇四人力銀行做行銷的難度，一開始在於本公司的產品（求職媒合）是「無形」的，比較難用照片、圖像來呈現。

所以我們以「知識性行銷」的方法（也是一種「議題行銷」），以龐大的資料庫分析為基礎，再以「趨勢、正確、新的」的觀察，搭配「解決方案或建議」，只要是大家會關心的議題，就一定會獲得媒體關注。

長期經營以來，也獲得了大眾的認同。

提高能見度

「議題行銷」並不是新的行銷方法，只是很少人拿出來討論。

例如說，電視劇中男女主角常常傳出曖昧，特別是節目上檔期間會被炒作的如火如荼，我認為就是「議題行銷」的範例。

廣告中也經常以片段、懸疑式的情節一段一段的播放，透過話題的討論讓觀眾期待，也增進廣告的能見度，間接促進業績。

之前由於日本富士電視台把頗受歡迎的《大奧》電視劇搬上大螢幕，在電影版中，富士台找來三十一名當家女主播，客串扮「宮女」，在「御鈴廊」兩旁齊齊向將軍下跪，噱頭十足。

光是這個話題性，就替影片作了盛大的宣傳及增進票房。

劉嘉玲和梁朝偉到不丹結婚，我覺得也是演藝圈「議題行銷」的典型範例。從猜測偉、玲何時結婚？在哪裡結婚？花了多少錢？張曼玉去不去？再加上婚前大告白，把這一對新人的氣勢烘托到頂點。

對於最近沒有什麼代表作的劉嘉玲，她巧妙的運用了她人生一個特別的時刻：結婚，一路創造議題，我相信這對他們的身價是很有幫助的。

促進業績

除了增進能見度，「議題行銷」也可以直接促進業績。

例如金飾公司在過年期間，總會推出「生肖」金飾。理論上，一個人只會買一種生肖金飾。不過，如果以「六合貴人」、「三合貴人」的議題來操作，例如屬鼠的人，六合貴人是牛，三合貴人是猴跟龍，那麼，行銷人員只要說服消費者配帶「貴人金飾」，可以增進財運與桃花，一個人就可以不只買一個生肖金飾。「議題行銷」除了增進能見度外，如果操作的時間及方法正確，對業績也有立即的幫助！

在不景氣的時代，行銷人員手上的預算都有限，我認為，善用「議題行銷」是突破預算限制的好方法！那要怎麼開始呢？

我覺得要從「觀察」你想要行銷的產品有什麼「特色」、再考慮是否可以聯結大眾關係的議題，看看能不能說成一個好故事，把它的魅力呈現出來，引發大眾的關心及參與。

這是行銷人員充滿發現及想像力的旅程，我每每用誠意及有效的溝通技巧來傳遞。不瞞你說，這是我每天工作很大的樂趣所在。

1
歷經十年終於完成了呢！
太偉大了！博士
2
結合多樣功能的超級機器人
只要一台就能滿足家庭主婦
的各種需求！
還可以毀滅地球
3
擁有強大的功能和可愛的造型
4
我們要變有錢人了
肯定能夠大賣！
5
趕緊進行行銷計畫吧！
6
白忙了
我只會做機器人不會行銷
機器人要怎麼賣呀?

行銷遊樂園的另類方法

為了幫好友宣傳海洋公園，
我寫了一篇
「遠雄海洋公園水族館的職場學習和童話驚喜」，
放在部落格上，
其實，這也是一種議題行銷的方式。

這是關於遠雄海洋公園水族館的職場學習和童話驚喜。透過「海王子」睿敏的介紹，讓我對水族館裡的海洋生物又有更深的瞭解。從海洋生態中，可以學習的東西很多。我發現，海底生物都是生存專家喔！這一趟水族館之旅，讓我有職場的想像又有童話的心情，是很妙很值得回味的回憶。

以下是我寫的〈水族館的職場三大學習〉：

一、懂得適應環境的比目魚：

比目魚身體扁扁的，灰色中帶有大理石花紋，和周圍的石礫很相似。因此，只要牠不動，是很難覺察牠的存在的，因此，在海洋的詭譎環境下，弱小的牠，卻不容易被吃掉。

比目魚最利害的，是隨著背景的色澤而變色，黑色、褐色、灰色等，牠都能立即變出來。所以說比目魚又稱為水中的「變色龍」。

在水族箱裡我看到比目魚為了保護自己，可以一直變換顏色，可說是偽裝的高手，「變色」就是比目魚的保命絕招呢！

這也讓我想到，在最近不安的職場環境中，上班族最好的生存方法，就是「適應」變化，及配合環境，改變自己。小小的比目魚，也可以給我們職場生存的示範喔！

二、懂得互利共生的NEMO：

卡通裡的NEMO，是顏色鮮艷的小可愛，大家叫牠小丑魚，其實牠真名是「海葵魚」。

牠們弱小又鮮豔，但還是可以悠遊自在，顯然和比目魚有不同的生存之道。

小丑魚喜歡在海葵的觸手中穿梭。當牠們受到其他生物的威脅時，便會立刻躲進海葵有毒的、不斷擺動的觸手中。因為，如果有誰碰上了海葵的觸手，毒液就會隨著刺絲進入來犯者的體內，使其癱瘓，然後成為腹中之物。

小丑魚因為習慣穿梭於海葵，其皮膚對海葵的毒液免疫，因為牠對海葵很依賴，所以一旦超出了海葵的保護範圍，牠就會失去防衛能力，以致很快被其他捕食者吞食。

所以說，海葵就是小丑魚很硬的「後檯」或私人保鏢。

小丑魚是如何回饋私人保鏢「海葵」呢？答案是：進貢（**帶食物進去**）。

三、看似和平，惹我？你會後悔的黃倒吊魚！

外表像刀片的剃刀魚，看起來就不好惹。不過我覺得更酷的是淡黃色，扁扁的黃倒吊魚。

黃倒吊魚看起來傻傻的，本性也很和平，不會隨便惹別人。不過，如果你不小心惹了牠，牠的鰭，可比刀片更利，一定會把攻擊牠的敵人劃個皮開肉綻的。

在職場上也是如此！我常想，如果你的形象是兇悍的，別太在意，因為往往這可以省掉很多別人要招惹你的麻煩。

但如果你的型是溫和的，就得像黃倒吊魚一樣，要有保護自己的能力，必要時必須給與反擊，否則只會讓人得寸進尺呢！

我看到黃倒吊魚時，忍不住笑了出來！因為，在職場中，我是斯文溫和型（**至少這幾年已經是如此啦**），但傳聞中，我可是「殺手級」的！哈哈！就是因為過去有些人欺負我但被我反擊，讓他們訝異又震撼。

所以，在職場中可別隨便欺負人喔！小心碰到黃倒吊魚。

以下是我寫的〈水族館童話三大驚喜〉：

難得一見的鯊魚卵鞘

在遠雄海洋公園水族館，一定要去參觀「美人魚的錢包」。「美人魚的錢包」其實是鯊魚的卵鞘，鯊魚卵呈布袋狀或螺旋形狀，產出後會被固定在珊瑚礁、海草或石縫中，所以被沖上海岸的空卵囊，給了人類奇妙的想像力。

鯊魚的繁殖方式可分為三種，共有胎生、卵生與卵胎生，特別的是，在探險島水族館一窺難得一見的鯊魚的卵鞘，透過光線，就可清楚看到卵鞘內的小鯊魚游來游去，非常奇妙。

章魚巫婆毒啞美人魚的海蘋果

跟美人魚相關的還有海蘋果。

海蘋果是一種濾食性海蔘，像圓滾滾色彩鮮豔的小球，在海洋公園水族館，和許多美麗的海星住在一起，但搶眼程度毫不遜色。

童話中的人魚公主愛上了王子，只好跟章魚巫婆要求要用美妙的聲音，來交換一雙人類的雙腿。而章魚巫婆所使用的變身藥水的材料，便是顏色鮮豔可愛的海蘋果。

能幹、聰明愛乾淨的小海獺

山坡下　好風景清清的河水流過森林中
有一隻　小海獺活潑又勇敢　名字叫小東
牠的好朋友白兔山羊和小熊　狐狸和野狼　鬧得大家不安寧
小海獺　有本領陸上會遊戲　水裡會游泳
又能幹　又聰明牠不怕危險　是個小英雄　小英雄

以上是卡通《小海獺》的主題曲。

主題曲說得不錯！小海獺很能幹，不只是陸上會遊戲，水裡會游泳，其實還非常愛乾淨。

小海獺的毛皮非常柔軟，臉部表情溫和可愛，本來就是個可人兒。而且，小海獺一定在固定的地方上廁所，在下水前，還會把屁屁擦乾淨，真的很厲害。

海洋公園的貼心行銷

當觀眾愈來愈多時，螢幕開始掃瞄觀眾，
除了說服觀眾向內集中，讓更多人進場外，
當攝影機照到情侶或家人時，
還用一顆「心」框住，很有幽默感，
也讓觀眾很有參與感。

講到行銷，貼心也是一個重要的元素。

再談談花蓮的海洋公園！這次去玩，我也有學習到了一些新的行銷手法和概念。

由於要看海豚表演，我在節目開始前三十分鐘，就已經進入了場內，挑選了視野最好的中央位置。

本以為三十分鐘我會挺無聊的，但令我非常驚喜的是，在海豚表演正式開始前，他們有非常貼心的設計。

就像在迪士尼樂園一樣，在等待的時間，通常都有電視片段的播放。但迪士尼樂園遊戲前的片段很短，所以會一直重覆，我一直覺得挺無聊的！但沒想到我們花蓮海洋公園的海豚表演，在開始前的三十分鐘，在前方大螢幕就有很有趣的橋段。所以，三十分鐘一下子就過去了，跟等電影開演一樣。

影片中，不可免俗的有飯店的介紹，而更好看的，是以飯店為拍攝背景的偶像劇，除了強打飯店品牌精神外，再再添加浪漫元素。

之後，當觀眾愈來愈多時，螢幕開始掃瞄觀眾，除了說服觀眾向內集中，讓更多人進場外，當攝影機照到情侶或家人時，還用一顆「心」框住，很有幽默感，也讓觀眾很有參與感。

我認為花蓮海洋公園的貼心，更勝迪士尼樂園，也許還可以提供迪士尼參考。

善用「故事性」行銷

韓劇的《大長今》、《情定大飯店》、《冬季戀歌》等，
造就了韓國的旅遊業蓬勃，
這也是故事性行銷引發的完美結果。
身為行銷人，
不妨讓自己成為一個說故事的高手，
讓「故事性行銷」幫你一個大忙。

打開一扇上了鎖的門，你需要鑰匙；打開顧客禁閉的心門，你更需要鑰匙；這把鑰匙就是一個能讓人難忘的故事。

大部分的人，都愛聽故事。

記得小時候背歷史、地理課本的內容還滿吃力的。但是，如果能有一齣連續劇、一部電影把這些歷史、地理的內容都串起來演一遍，相信記憶度就很深了。

所以，要建立一個品牌，最好先有個品牌好故事，這樣記憶度會深。也會因

為好故事的魅力，品牌流傳更廣、能見度更高、好感度更強。

好故事，可以幫了「行銷」一個大忙！

不信你看看以下三大品牌故事，你應該都聽過：

LV的品牌傳奇故事

這得從一個法國的捆工學徒說起。

他專門替貴族捆紮運送長途旅行的行李，甚至後來專為法國王室服務。

後來，他發明了一種長方、防水的LV皮箱，經歷鐵達尼沉船意外，多年後，LV皮箱從海中撈起，居然滴水未進，裡面的衣物被保存的好好的。

SK-II的的品牌傳奇故事

二十五年前，一個日本僧人發現「米酒釀造者」，都有一雙特別細嫩的手。

於是他在米酒的發酵過程中，分離出一種稱之為"Pitera"的混合物，這就是今天的SK-II裡的神奇養份。

海洋拉娜的的品牌傳奇故事

海洋拉娜創始人Dr. Max Huber原是一位太空科學家。在一次火箭燃料爆炸中遭到嚴重化學性灼傷，他的臉及手部幾乎全毀。後來他看到海藻，覺得海藻的生命力超強，開始以海藻為實驗，經過十二年超過六千次的實驗後，博士利用光線、聲納、海藻，經過三個月緩慢發酵期，成功製成海洋拉娜乳霜，而將這乳霜用在原本受傷的皮膚上，皮膚獲得良好的改善。

這三大品牌的故事非常傳奇，給予了產品品牌精神及魅力，也造就了世界性的品牌，流傳至今。

一〇四人力銀行也有品牌故事喔！

一〇四人力銀行創辦人楊基寬當初在創業時，為了不知該如何為「找工作、找人才」的網站命名而傷透腦筋。

此時，念小學一年級的女兒下課回家，他問女兒：

「如果你找不到東西會怎麼辦呢？」

女兒劈頭一句：「爸爸，你為何不打一〇四問問呢？」

剎時讓楊基寬產生靈感，一〇四這個名字很符合人力銀行「找」的特質。

故事性行銷的運用無所不在，而且非常迷人。

迪士尼樂園，就是一個創造故事，再以故事行銷的典範（誰不知道白雪公主、彼德潘……呢？）有哪個小孩子會不想去迪士尼樂園呢？

韓劇的《大長今》、《情定大飯店》、《冬季戀歌》等，造就了韓國的旅遊業蓬勃，這也是故事性行銷引發的完美結果。

韓劇的故事性行銷不只造就旅遊業，也把韓國的三C產品置入，讓商品行銷全世界。

身為行銷人，不妨讓自己成為一個說故事的高手，讓「故事性行銷」幫你一個大忙。

聽「品牌」在說話

能將品牌管理得宜，消費者就是你的朋友。
因為品牌是一種概念，有些抽象，
所以「品牌打造」，應從公司高層發起，
由上而下的品牌經營，
品牌經營絕對不能隨便委託外人代辦。

對行銷人來說，如果可以行銷「有品牌」的產品，比起行銷那些「尚未被認知」的產品，要容易的太多了。

就連企業間「談策略聯盟」也是一樣，如果是「有品牌知名度」的公司來談合作，通常滿容易就可以見到主要窗口並展開溝通。

但如果是「沒有品牌知名度」的公司來談合作，可能連「門」都無法敲開。

因為，「品牌」會講話。

因為，「品牌」本身就是一個價值。

不過，如果行銷人有機會參與把一個新的品牌建立，這會是一個不容易，必須長期努力的過程，但我保證，這是一個充滿成就感，絕對有魅力的學習過程。

何謂品牌？

「品牌」是一種重要、可衡量之資產。

簡單的說，被人認同的品牌代表一種「信任」、一種「好感」。目前市場上可以挑選的產品那麼多，價格可能紛亂也可能雷同，於是消費者不可避免的，處於一種眼花撩亂的處境。

這個時候，消費者往往以「品牌」來決定消費行為。哪個品牌知名度高？哪個品牌好感度強？消費者也就下手了。

所以，「品牌」與「業績」，其實是息息相關的。市場上的「第一品牌」，在行銷戰中往往可以以很大的優勢脫穎而出，但不免也必須隨時面對「第二、第三品牌」的虎視眈眈。

許多企業經營者希望透過「品牌經營」來達成績效目標，因此行銷部門的責任愈來愈重；而品牌經營的權責，也往往直通企業核心。

企業的執行長跳下來一起做品牌的例子愈來愈多，你看「蘋果電腦」的賈伯斯就知道。

蘋果每次新產品推出的大秀，賈伯斯必親自上陣。賈伯斯透過演講、出書，延續蘋果產品的品牌生命。

另外，隨著可以把品牌價值「量化」的評估機制接連出現，身為品牌經理的人，必定將面臨更高標準的要求。

「品牌」是一種概念和感覺

為了讓品牌的概念和感覺「具象化」，企業會以觀念、文字、圖象設計和聲音等形式來象徵產品、服務以及公司的「品牌」。

麥當勞使用一個「M」（圖像），你遠遠看到就知道麥當勞快到了。

賓士汽車和香奈兒的LOGO（圖像），本身就有讓人喜愛的魅力，消費者不惜花大錢也想要擁有。

而一〇四人力銀行呢？多年前我們已定位於「職場專家」（概念）。

在資訊時代，形於外的「風格」，其重要性已然不亞於內之「實質」，商業語言也從只講求基本，變為同時注重形象及觀感的追求。

簡而言之，「品牌」是一個企業和消費者之間的聯繫，它的特質是一貫的、延續性的。

總而言之，「品牌」是企業的「代言人」，將產品與服務的相關資訊傳到市場。「品牌」是消費者做決定時的主要參考依據，為了讓消費者更容易感受它，它的形態可以是「文字」、「標誌」、「圖案」、「聲音」以及「概念」……不斷的提醒他的存在。

品牌是如何形成的呢？簡單的說，品牌來自於它所屬的企業、來自創辦人的經營理念、品牌的形成是來自於它代表產品與服務、使用者，以及製造產品——提供服務的員工。然後，可以透過象徵該品牌的文字、圖案和聲音傳遞出去。

你可以回想看看，當你在選購商品時，除非是較昂貴的商品，否則你並不會想很多，對大部分的消費行為而言，許多東西是「想都不想」便付錢買下來。

那消費者所在意的「商品屬性」是什麼呢？答案是：

消費者所在意的商品屬性往往是無形的，是一種好的「感覺」。

「無形的商品屬性」是人們除了「基本需要」的「進一步需要」。例如安全、刺激、樂趣、社會地位、體態、美麗、自信等等。這些不是求生存的基本問題，而是心理學的問題；它不是邏輯思考的問題，是「感覺」的問題。

所以，品牌行銷人員如果能掌握消費者的「所想」、「所要」，那麼，就掌握了品牌經營的精髓。

當品牌的調性一致且持續表現，那麼多年的累積的品牌形象，就會深入使用者的心中。

品牌經營的基本關鍵

對於開始對品牌行銷作努力的人員而言，以下是最基本該了解的關鍵：

首先，必須找到優於競爭者的品質關鍵，然後區隔出市場，針對該市場提供吸引客群的品牌，並滿足他。

其次，是保持或提高其品質水準，而其「中心價值」必須有一致性。

再來，是為商品或服務定出合理的價格，然後提供最友善便利的使用形態。

最後，品牌也代表著企業的道德觀、作風、形象、責任……，企業的責任因品牌而加重了，他們必須努力滿足更高的社會與文化標準。

只要產品或服務能滿足消費者的需求，又具有足夠吸引人的品牌，消費者行為就會自然產生。

品牌行銷人員的挑戰

品牌經營的最大難題，在於媒體與資訊的氾濫。品牌必須花上比過去還多好幾倍的力氣，才能脫穎而出。品牌經營人員隨時不能掉以輕心，要對品牌的基本面持續專注，才能把有意義、獨特而吸引人的訊息傳到消費者的心中。

品牌也必須有「連貫」的需求，不能只為變而變。品牌經營人員最好流動性很低，因為要讓繼任者去了解品牌經營方向，需要時間及努力，企業中一定要有專人負責品牌的管理。

在廣告的執行面，由於媒體種類的多樣化，為了掌握各種媒體和行銷方法，品牌行銷人員必須更加努力。

行銷經理們要努力的把所屬企業的價值觀、責任以及對社會的承諾，都傳達給消費者知道。成功的品牌，讓每個前來與之接觸的人，都能得到「統整性」的印象與體驗。

消費者不只是看品牌代表什麼產品或服務，也會考量其他因素：例如，品牌所屬企業、經營品牌的動機……品牌之於企業內，已由行銷工具轉變成「完善體質」及「良好績效」的表徵。

維持好的品牌

好的品牌之所以強勢，就是因為它結合了「正確的特性」、「吸引人的性格」，及隨之而來的與「消費者間的良好互動關係」。

能將品牌管理得宜，消費者就是你的朋友。

因為品牌是一種概念，有些抽象，所以「品牌打造」，應從公司高層發起，由上而下的品牌經營，品牌經營絕對不能隨便委託外人代辦。

另一方面，「品牌策略」以及「品牌的特質或形象」，都應該明確，且讓人瞭解、吸收；公司也必須提供充足的資金，在管理上兼顧「市場的水平整合」與「全公司上下的垂直整合」。

最後，品牌必須定期灌溉，不容中斷。

個人行銷與個人品牌

如果長期以來你就有「名聲」，
你也同時擁有某種能力，
可以提供「解決問題」的方法，
或你有能力持續的給予他人
「安全、創意、樂趣、美麗、機會」等等好的東西，
你的「個人品牌」就是成功的。

前陣子有個高階經理人和我討論「打造個人品牌」的議題，希望我給他一點建議。他說：

「如果我能成功打造『個人品牌』，一定會對公司的知名度及業績有所幫助。」

但你可能會問：「成功打造了個人品牌後，真的對公司有幫助嗎？」

我認為，很多時候的確「是的」。

如果這個專業經理人與公司的「聯結性」夠深，打造個人品牌的確可以協助到公司。例如：

十幾年前的奧美廣告，就有「莊淑芬」、「孫大偉」、「范可欽」三大廣告界教父、教母品牌，他們以「個人品牌」的魅力，擦亮台灣奧美廣告的招牌，一直流傳至今。

不用說，打造個人品牌，對「個人」也有絕大的幫助。所以，每個人都可以思考「打造個人品牌」，為自己的職涯鋪路。

成功品牌的特質

要如何打造個人品牌呢？

和企業及產品的品牌一樣，你自己這個品牌，要呈現什麼「核心價值」是個關鍵。例如說，邱文仁的個人品牌是行銷專家、黃至堯的個人品牌是業務高手，這就是「核心價值」的定位。

「核心價值」確認後，就要以「一貫的優良表現」經營。其實這跟企業及產品的品牌經營，是一樣的道理。

然後，你的優良實際表現，透過口耳相傳或大眾媒體，讓別人肯定、認識及喜愛，增進了他人的信賴感。如果長期以來你就有「名聲」，你也同時擁有某種能力，可以提供「解決問題」的方法，或你有能力持續的給予他人「安全、創意、樂趣、美麗、機會」等等好的東西，你的「個人品牌」就是成功的。

如果你擁有了他人「所想」、「所要」的能力，那麼，就掌握了個人品牌經營的精髓。

而「成功品牌」的特質，必須是「一貫」、「有延續性」的。而且，為了維持品牌的能見度，必須要不斷的與外界互動，持續的增強其好感度。

找到自己的強項

商業世界中好的品牌之所以強勢，就是因為它結合了「正確的特性」、「吸引人的性格」，及隨之而來的，與互動者的「良好互動關係」。

談到個人的品牌，一樣要有「正確的特性」、「吸引人的性格」，那麼，就會美名外揚，替自己創造更多的機會。

什麼是個人品牌「正確的特性」？當然是從自己的強項開始。自己的強項就是自己最拿手，最有貢獻的能力。

就像本部門的秘書珍珠，她的品牌個性就是「開朗、貼心及美麗」。這就符合「正確的特性」及「吸引人的性格」。

所以，就算是後勤的秘書職務，也是有個人品牌的。

不斷提升的專業能力

專業能力代表了足夠的知識、技能，可以因應工作的需要。擁有專業能力的專家，就是知識豐富加上執行力強，是可以幫企業解決問題的人。

如同前面所提，後勤的秘書職務，也是可以有個人品牌的，但秘書的「專業」會讓她個人品牌好感度更強。

「擁有專業能力」是商業社會絕佳的個人品牌，是一種實力的表現。

不斷的增進專業能力，這是「個人品牌」保持水準、提高品質的方法。

「個人品牌」必須透過「溝通能力」傳達出去。

你的個人品牌要對誰展現？你必須要透過行為、語言、文字傳達，你要站在他人的角度看事情，嘗試以對方聽得懂的語言溝通。

「外表」是個人品牌必要的包裝

當別人還沒有機會了解你的內涵之前，你覺得他會從你的什麼地方來判斷你的好壞？

沒錯，當然是外表。

別忽略外表的重要性，沒有外表，你要傳達何種個人品牌呢？

用符合你的職業形象的外型，傳達你的專業，是建立「個人品牌」必要的努力。

企業的招募行銷

小企業資源較少，
但一樣也可以發揮創意做招募行銷。
「創意」可以補足「資源」的不足，
這對我做行銷的思考，
也深具啟發性。

人才是企業成長的關鍵。

企業想找到好的人才，也需要行銷。

如果企業本身的品牌知名度高、好感度強，就更容易吸引到好的人才。

別以為只有求職者找工作不容易，其實，企業為了要得到好的求職者，也是煞費苦心，必須和其他的企業競爭。

這幾年，我曾經經手並協助不少企業做「招募行銷」，「招募行銷」也已成為人力資源的顯學。

不同的企業需要不同的人才。所以「招募行銷」的方向，也不盡相同。例如，曾有某股票上櫃的大金控公司，急需一百五十名理財專員，但主動投遞的履歷表明顯的不足。

已是知名企業，為什麼還是會發生這種狀況呢？

經我研究，原因很簡單。因為，台灣合格的理財專員求職者數目，是「少於」工作機會的。所以，大部分的理財專員求職者，一定會往「能見度最大」的那幾家金控靠攏。

因此，比較「少作廣告」的金控公司，會被理財專員求職者遺忘。

所以，對於該公司，我的建議是，儘快以「廣告」提高該企業的「能見度」及大量散布該公司「徵理專訊息」，先讓目標對象注意。

更重要的是，還要研究出該公司職務的獨特魅力（例如薪水較高、或業績要求合理、或提供良好的教育訓練等等），企業要在徵才訊息中釋放對求職者的善意，才能獲得求職者的青睞。

說服目標對象

另外，一個有趣的例子，是「南科」某超級大廠的招募數百名工程師。喔！這家公司的品牌能見度已經不能再大了，但由於對求職者的學歷要求很嚴格，所以合格求職者有限，且合格的求職者「比較傾向」去該公司的「竹科廠」工作。所以即使公司內部（竹科廠、南科廠），也在競爭求職者。

對於該公司南科廠的迫切用人需求，我們幫它算出了其指定學校及科系的求職者人數，然後乘以我們經驗中的「到談率」及「錄取率」，結果發現這個任務幾乎是不可能達成的。

這時，就要展開大規模的「招募行銷」，也就是儘可能的說服目標對象。

我們當時做了幾件事：

一、我們的行銷人員，在該公司南科廠停留一天，協助找到該公司南科廠的獨特魅力（例如升遷更快、生活品質更佳、豐富便宜的午、晚餐，同儕有多優秀等等）並協助做成文宣。

二、透過記者會、廣播、電視廣告等把招募訊息再擴大，造成求職者願意去南部求職氛圍。

三、透過一〇四的電子信直接接觸目標族群求職者，並透過文宣說服。

四、建議該公司放寬一些求職者學歷限制。

另外一個讓我記憶深刻的是，某知名科技公司以「操」聞名，但該企業同時也給有貢獻的員工重賞。

不過，該公司當時的招募網頁上以「××公司真的很超」的文案來吸引求職者。「很超」很容易被人聯想成「很操」，這樣會嚇到一些求職者。

所以，我建議它們把招募文案以「最懂得論功行賞的××公司」來取代「很超」。這樣對求職者會比較有吸引力。

善用「企業形象」畫面，吸引求職者注意

一〇四人力銀行上有一家公司，我們稱為「A公司」好了，其招募行銷方式相當特別：

在一〇四人力銀行上的「A公司」企業形象頁，不定期的更換該公司的優秀員工的照片及感言。

這是「以人為主體」突破傳統的企業形象網頁，不但讓求職者眼睛一亮，也透過員工的證言，引起求職者的好感。

根據我的觀察，近幾位代言者，都是讓人眼睛一亮的美女。所以，最近我查了後台的「A公司」求職者性別分布，哇！似乎都以男性為多。

善用「求職者感謝信」引起求職者共鳴

「A公司」創意不僅於此。

在主要商品頁，還穿插了三封求職者的感謝信，例如某求職者描述當天的面試經驗：

「我不禁開始回想那天………，還沒推門，裡面看見我的員工馬上起身笑咪咪的為我開門，陶小姐體貼的問我冷氣溫度是否適當，端上很好喝的蜂蜜水，其他員工見到我也都紛紛點頭微笑，第一次讓我覺得自己不是一個需要低頭的應徵者………」

透過求職者的感謝信，「A公司」再次引發其他求職者的好感。

設計「獨特福利」並引發能見度

在福利項目中，該公司不僅盡可能的把福利列出來，還發揮創意。「本公司，無論職位高低、新人、舊人，全都有『董事長椅』可坐。」「公司獲利靠的是所有員工的認真投入，即便因分工需求而有上下之別，大家共同為公司付出的心力是沒有高低之差的。」

關於這點，該公司總經理解釋：「基層員工比起中高層主管，反而更需要長時間維持坐姿工作。」

這個點子真不錯！

另外，該公司的福利項目中，有一條「為提高同仁上班士氣，每月有支薪三小時外出情緒假」及「離職面試假：當日支付全薪，以一日為原則」。體貼且獨到的福利設計，引發了媒體的報導，一舉提高能見度。

小企業資源較少，但一樣也可以發揮創意做招募行銷。這家公司，堪稱中小企業招募翹楚。

由此可證，「創意」可以補足「資源」的不足，這對我做行銷的思考，也深具啟發性。

宅經濟行銷及部落格行銷

要寫出或畫出別人需要的，
打動人心的、且獨特的內容。
也要和閱眾互動及花許多時間經營。
這跟宅以外世界的商業經營，
原理原則相同。

「宅」，是很多人的願望！

約從一九九六年起，網路衍生出很多新的獲利模式，其出發點都是希望可以「不出門也可以做很多事」所衍生出來的網路經濟活動模式。

自從有網路的發生，很多人希望上班可以不出門，買東西可以不出門、交朋友可以不出門、甚至去公家單位辦事、找工作等等，都可以在家完成。

不過，在上波網路泡沫化期間，這些因為「宅的欲望」衍生出來的經濟模式，大多經不起考驗。

沒想到，到了二〇〇八年，不景氣及金融海嘯反而促進且確認了許多「宅經濟」的發展。「宅經濟」中的「宅創作」、「宅交易」、「網路創業」、「搶攻御宅族」，種種商業模式在二〇〇九年發光發熱，且後勢看俏。

我認為這是很多人心中的「宅欲望」，經由不斷的試驗，襯托目前實體世界的蕭條背景，其商業價值終於被充份肯定。

既然宅經濟是重要的經濟模式，有志於從事行銷工作的人，對於「宅經濟」，一定得有所瞭解。

「宅創作」的部落格行銷

先談談「宅經濟」裡的「宅創作」，這是成本很低、但效果很好的行銷方式。

例如彎彎、女王這些專心經營「宅創作」的年輕創作家，衍生出來的行銷產值，無庸置疑是極高的。

我認為，如果企圖把「宅創作」的經濟價值發揮到極致：

第一，要寫出或畫出別人需要的，打動人心的、且獨特的內容。

第二，要和閱眾互動及花許多時間經營。

不過，你仔細想想，這兩點跟宅以外世界的商業經營，原理原則相同。

我也曾經用部落格「宅創作」，想幫助我的朋友行銷「兆豐農場」。我寫了一篇「**在兆豐農場遇見狐狸精！**」光是標題，就有機會吸引讀者去看吧！

在兆豐農場遇見狐狸精！

我常常去花蓮，但這是我第一次到新光兆豐農場，因為這次我父親同行，而他很愛動物，所以給了我去農場的動機。兆豐農場很大，但是坐在遊園的高爾夫球車裡逛，可以省下不少體力，我看到了許多值得看的，也得到了許多樂趣。

兆豐農場裡的鳥類的豐富是不用講的了！那是爸爸的最愛！除了台灣原生鳥類外，各國奇奇怪怪、色彩繽紛的鸚鵡，讓我彷彿來到了熱帶國家的鳥園！一路上，我都不斷的想著：上帝真是偉大的藝術家啊！怎麼會有這麼「出人意表」的配色呢？上帝另外的一大創意，是在於給了鸚鵡小小、柔軟的身軀，卻配上一個強而有力，色彩鮮麗的喙？這種「衝突性」的搭配，就是鸚鵡最大的魅力所在！

「可愛動物區」一向是我很喜歡的部分。區內有許多可愛的動物，如山羊、駱駝、梅花鹿、鴕鳥、迷你馬等就不用說了，我首次看到原產於澳洲的鴯苗，那小小、傻傻的臉，配上又細又長的腿，沒什麼目的的跑來跑去，真的很有趣喔！

另外那一對恩愛的猴子也很有意思。那猴子老公是白的，老婆是咖啡色的。猴子老婆對老公真是超級溫柔的，正在幫老公仔仔細細的抓腳（**這讓我爸爸羨慕不已**），在走進一看，母猴子懷裡還抱著一隻小猴子，正在跟媽媽撒嬌。據園區的人說，當初園區配了三隻母猴子給這隻公的，但公猴子就是特別喜歡目前這個伴（**我想是因為她很體貼，饒富愛情吧！**）過去，公猴子常常欺負其它兩隻母猴子。後來，園區的人就讓情投意合的這兩隻猴子獨立組成家庭了。

兆豐農場很大，值得看的動物、植物很多，聽說還有我最愛的玫瑰花園及藥草區，可惜當天時間不夠就錯過了，沒關係，下次再去。不過，當天我最高興的，就是意外看到了好漂亮的狐狸。

這可是我第一次看到狐狸喔！一直到當天看到紫狐、白狐、灰狐等等，我才終於明白，為什麼會有「狐狸精」一說！

「狐狸精」有「媚惑」的意思，一般來說，這好像是罵人的話，但我親眼看了狐狸後，我認為「狐狸精」的另一個意義，是「魅力」和「聰明」。光是當天我所見到狐狸的美及聰明，就已經感到牠「媚惑眾生」的能力了！

當天我見到的狐狸，大約是中型犬的大小，但體態輕盈，行動敏捷，一身發亮的皮毛，無論是白色、灰的、紫的、花的，綿綿茸茸，從頭到腳都是無可爭議的漂亮，而尾部是絕美的延伸，無怪狐狸毛是高級皮裘的來源。狐狸的外型美，已經是夠迷人了！聽說經過馴養的狐狸，還非常善解人意，常蜷曲成團，可以和主人同榻而眠，聽說訓練有素的狐狸還懂得音律，聰慧若此，還給人多才多藝的想像。這種「美色」、「依戀」、「才華」的特性，就成了牠「惑眾」的口實。

因此我回家後，進一步的去研究中國歷史上的「狐狸」。狐狸精、狐媚子，這是中國古書中，關於迷人女性的經典描述。不過可能是因為「聊齋志異」太有名，而書中的女狐仙又太美麗，所以讓我們忘了中國古書中，其實還有不少狐狸精竟然是男的。

古書中的男狐狸，有至少有四種類型：第一，是好色狡猾的採花賊，慾望強，常敗壞美女的名節（**呈現狐狸是狡猾的個性**）；第二是才學廣博的「胡博士」，聰明又雄辯滔滔（**狐狸是聰明的**）；第三是愛開人玩笑，惡作劇的搗蛋鬼（**狐狸是調皮的**）。第四，還有像聊齋志異中的胡四相公、皇甫公子等俊雅的美公子（**狐狸的外型是俊雅的**）。

而古書中因為描述了被「慾望」和「愛情」迷惑的「女狐仙」，則是反應狐狸「依戀」的特質，而另一位特別有名的狐狸精，則是封神榜中九尾狐狸精轉世的妲己（**這反應狐狸工於心計的特質**），這幾位人物太有名了，讓「狐狸精」，成了妖媚女性的代名詞。不過，顯然「狐狸精」還分為「心懷叵測的」，或為「愛情獻身的」，形象大大的不同。

下次你去兆豐農場時，別忘了去看看「狐狸精」喔！順便比對古典小說，很有趣！

喜歡行銷的我，也嘗試用部落格宣傳我朋友的餐廳！

標題：公關美女甜蜜的復仇！（**復仇地點：牛禪：北市天津街66號**）

因為一〇四公關經理光瑋最近把旗下美女們操得太兇，公關部門的美女們紛紛跟我告狀：累死啦！累死啦！

我帶部門的風格，一向是「吃飽了好上工！」所以就建議大家：「明天光瑋不是要到牛禪請客嗎？那我們就來用力把他吃垮吧！！」

維多莉雅、米蘭達、珍珠紛紛睜大漂亮的眼睛問我：真的可以這樣嗎？

我想光瑋做人一向大方，應該可以吧！何況有我撐腰⋯⋯。

呵呵，這個主意大家都很喜歡，還真是一個甜蜜的復仇方法喔！

戴芙妮的團隊也加入了！週五晚上，一群人浩浩蕩蕩，到我的最愛——牛禪大飽口福。

光瑋果然非常爽快，很帥氣的叫大家儘量點，公關部美女也顧不了身材，肋眼牛排、海鮮盤、生魚片，甚至啤酒⋯⋯豪氣干雲！其實光瑋自己也吃很多！帥氣的牛禪店老闆知道光瑋最近交了漂亮女友，幫他配了新鮮的海鮮（**很體貼的老闆**），但光瑋堅持說今晚吃飽了不會去約會，會一直工作到五點喔！（**這點我是絕對不會相信啦！**）光瑋最後甜點還吃了三份（**兩份杏仁豆腐，**

一份紅豆湯）……顯然心情很好喔！

我收集了大家的感想。

米蘭達：我點的是明蝦干貝套餐，明蝦超肥又超鮮美的！好好吃喔！另外還要推薦生魚片，是我回台灣後吃到最新鮮的生魚片喔！

珍珠：牛禪最好吃的是令人回味無窮的肋眼牛肉和彈牙的大明蝦！

維多莉雅：牛禪最好吃的是肋眼牛排、無骨牛小排、甜不辣、手工花枝魚漿……族繁不及備載，連玉米都超好吃的！

如果問：「牛禪最不好吃的食物」比較快，答案會是：沒有！

海倫：眼睛看著牛禪帥老闆，嘴裡吃著任何食材，都是超級美味可口的啦～

（**海倫你是人妻耶……**）

設計部黃大爺：牛禪最好吃的是會彈牙的明蝦，二十公分的明蝦不用沾醬就能品嘗到肉質的鮮甜，蝦頭部分拿去熬湯也能煮出海鮮的美味讓湯頭更好喝。

設計部吃素的小區：芝麻燒餅加素肉片，好吃好吃！蔬菜很新鮮！

我超愛的是好新鮮的生魚片和手工花枝魚漿，當然還有帥氣老闆。

光瑋有被吃垮嗎？據我所知是沒有啦！因為牛禪食材可以跟大安路橘色比美，但比較便宜！所以絕對是物超所值的！

黃大爺也寫了部落格，各位可以看到「復仇美眉」的吃相，還是美啦！

http://ken19800813.pixnet.net/blog/post/26886494

我到現在都覺得很快樂喔！

這篇「公關美女甜蜜的復仇！」也是從「標題」就有點懸疑性，再加上幾張好吃的食物的照片，據說成功的吸引很多人去用餐！

「網路創業」的行銷

「網路創業」不是最近發生，但是金融海嘯讓「網路創業」的優勢更浮現。

最近我新認識的朋友「秀逗主婦13928」，就是「網路創業」的絕佳代表。她的生意好到……，天啊！我訂了幾千元的天使雲呑，要排隊一個月才拿到貨。很驚人吧！

「秀逗主婦13928」掌握了產品力，口碑行銷，客戶服務，網路通路等等，甚至「限量」概念，請問，跟實體世界的成功企業模式有何不同？

另一個很讚的「網路創業」朋友是年輕的「吉他小新」，他還在讀研究所，已是月營業額很高的賣吉他老闆。問他怎麼匯集「小新的吉他館」的網路人潮？這個你會在「大學生了沒」節目看到的年輕朋友小新舉例：當初楊宗緯在星光大道唱哪首歌，他馬上寫好簡譜上傳，流量馬上大增。當然他的努力不只這一點點。

另外，因為深知網路世界的力量，「雨傘王」陳慶鴻，曾在我的部門，是我部落格行銷的老師，他因為「網路創業——雨傘王」成功而離開本部門。目前除了網路外，也開了三家實體店面，衍然是青年創業家。

以一支強風吹不壞的「無敵傘」起家，陳慶鴻拿著無敵傘到花蓮外海、或在颱風天測試傘耐風的強度，拍成短片放在網路上意外爆紅，之後又研發華麗的貴婦傘、不到一百公克重的羽毛傘、造型可愛的可樂傘、馬甲傘等等。

陳慶鴻掌握網路行銷KUSO、新鮮的特性，提供便宜、好用的產品，並大量的與網友互動匯集人氣。在低成本之下，創業成功。

行銷人必須要注意的「御宅族」

既然人人都有「宅基因」，那麼「御宅族」市場，就是很有潛力的消費市場。

「御宅族」有所謂的意見領袖，掌握意見領袖（送禮物、試用品）等等，可以為行銷的商品加分，這跟實體世界的行銷方式很雷同。

「御宅族」的原始定義就是「狂熱者」，也就是迷上某種事物的人。

例如迷上動漫、或線上遊戲的人，他們通常有蒐集的習慣，那麼，如果要「搶攻御宅族」市場，創造出「投其所好」的商品就很必要。

最近最出名的「搶攻御宅族」市場例子就是「童顏巨乳」的瑤瑤，她「殺很大」就是符合許多「男性御宅族」的品味。

行銷人必須知道，「御宅族」的價值觀跟品味與主流市場不同，要如何用他們的語言溝通，事關重大。

但因「御宅族」也是一個很大的經濟市場，絕對是從事經濟活動的行銷人不可忽視的市場。

如何寫一篇動人的新聞稿

寫新聞稿不難，
但寫得好的人，
一定是「常常練習」的人。
每多寫一篇，
功力就增加一點。

之前在經濟日報上，有一位學者以半版報紙的篇幅，讚美一〇四人力銀行為台灣「知識行銷」之翹楚。

這種鼓勵，讓我感到非常的榮幸。

我認為身為行銷人員，其表達能力一定要好，而「文字表達能力」的功力，在新聞稿上見真章。

行銷人員用「知識行銷」，是這幾年的大流行。不過，幾乎每家公司都會發「新聞稿」，在激烈競爭下，一篇新聞稿要如何得到媒體的青睞，其實並不容易。

要讓「新聞稿」脫穎而出，行銷人得思考新聞稿的資訊，是否有「公信力」及「意義」。若沒有「公信力」及「意義」，只會淪為浪費媒體資源的行銷或單純只是為了譁眾取寵罷了，這樣反而對其品牌造成負面影響。

「公信力」可以來自「數據分析的佐證」、或「專業人士經驗法則」的判斷；而發表訊息的「意義」，可能是看到了某種社會「現象」，在提出的同時，也提出了我們「解決的建議」。

即使是消費性產品的新聞稿，在提出新產品的同時，也得提出該產品即將帶給消費者的福利。

A：決定新聞稿的溝通目標

寫「新聞稿」第一步要「決定目標」。

這篇新聞稿是要呈現「品牌」的強度，還是要達到「產品銷售的目的」？或是，兩者皆有？

決定後，就要先思考新聞稿的標題，因為內容是繞著標題走的。

如果定了標題，卻沒有內容支撐，標題就是錯的。

B：標題的魅力決定是否被看見

通常，媒體記者可能會一天收到幾十封甚至上百封的新聞稿，這龐大的資訊來源中，媒體記者將「如何選擇其中少數的一兩篇來報導？」

這可能是寫新聞稿的行銷、公關或企劃第一件要思考的事！

新聞稿既然有一個「新」字，內容就不能是舊聞，不能是大家都已經看過的東西。

所以，如果是「趨勢性」、「革命性」、「爆炸性」、「季節性」的資訊和標題，就比較可能受到媒體的青睞。

如果以上都沒有，至少要很「話題性」或「有趣」才行。

以最近一則一〇四外包網上雅虎頭條的新聞稿：**「外包案件預算加碼！Key-in打字案件的價碼提高五倍！」**一方面這是一個「新」的發現，再來，不景氣外包案件薪水還上升，是「趨勢性」、「特別」的觀察、因為也顛覆大家原本的理解，還有「話題性」存在。

範例

「一〇四外包網」（www.104case.com.tw）發現，近來網站上的「文字／出版類」外包案件，發案方的預算有逐漸加碼的趨勢。過去key-in案件的行情價約是每字0.1元，現在卻有越來越多每字0.5元以上的好康案件。

目前「一〇四外包網」急募打字快手的案件，包括「卡通DVD文字key-in」每字0.6元、「兒童故事音檔打字」每字0.5元、「訂戶名單建檔」每筆五元、「貿易文件打字」每字0.3元等，接案者只需具備快速的打字能力、會使用電腦，居家接案也有機會荷包滿滿。

「一〇四外包網」營運長陳啟元表示，key-in、打字等文字類案件的技術門檻通常較低，民眾接受度較高，因此一直是外包網站的熱門。目前在「一〇四外包網」上所刊登之文字類案件平均每天都有二四七件以上，較去年同期成長了三八％。通常文字類案件的計酬方式，普遍為一千字可賺一百至二百元不等，但近來有不少案件出現每字0.5元的酬金，相當於一千字就有五百元的高價。

他認為，經過景氣洗滌，許多企業在人事配置上都重新洗牌，以出版／翻譯公司為例，文字key-in的需求增加是因為出版公司不再聘任專職key-in／校對的人力，經過評估，與其花費固定人事成本，不如以委外方式外包，企業將節省之成本轉為接案酬金的提高，也希望藉此提升工作完成的品質。

目前網站上酬金相對較高的文字案件，包括：「卡通DVD文字key-in」，內容為已翻譯為中文版日本卡通DVD系列，接案者不但可以觀賞最新卡通，還能享受看卡通賺錢的趣味。還有「兒童故事音檔打字」，這是由多位名人爸媽念故事的錄音檔，故事種類有童話、寓言和民間風俗禁忌由來，接案者工作之餘有機會增廣見聞。另外包括「訂戶名單建檔」採論筆計酬，每筆金額高達五元，key-in內容是姓名、電話、地址、和喜好書籍類目。

陳啟元表示，文字key-in快手的案件需求條件，通常取決於打字速度，一般在每分鐘五十至七十五字的速度即可，且接案者如果能夠在案件完成後再次檢查校對，敬業的態度更能為自己加分；加上許多文字key-in的案件都是未上市的影片、翻譯小說、或故事書等，接案者不僅賺外快也能從中得到樂趣。

陳啟元指出，目前除了「文字／出版」類案件酬金加倍，「一〇四外包網」在其他四大類案件中，也有許多預算相對較高的案件，像是「資訊／網路相關」類別中的「網路行銷平台建置」，預算高達四十五萬；「美工／動畫設計類」的「產品型錄平面設計」，預算八萬；「企劃相關」及「其他類」也都有許多預算高於一般行情的案件上架，如「透天厝不動產銷售企劃案委外」，預算是二十至二十五萬；另外「影音轉檔作業外包」，預算高達五萬元。具備相關技能的接案族可趕快上網爭取。

◎目前一〇四外包網（www.104case.com.tw）所刊登的高酬案件：

	案件內容	薪資
卡通DVD文字key-in	key-in內容為日本卡通翻譯為中文版之影音DVD系列─卡通每集30分鐘，一片DVD皆固定兩集（共1小時）	論字計酬（中文字）每字0.6元。
訂戶名單建檔key-in	公司會提供紙稿之舊式版本。請接案者按照順序與分類及格式完整的key-in至制式檔案中。	論筆計酬（中文字），每筆5元。一筆的資料為姓名、電話、地址、喜好書籍類目。簽約即支付三分之一酬金。
兒童故事音檔打字	由多位名人爸媽念故事的錄音檔，需轉成word檔，每筆檔案時間為40～60分鐘之錄音，內容共有12位名人，一人大約三個故事，故事種類有童話、寓言和民間風俗禁忌由來。	論字計酬。每字0.5元。
貿易文件打字	國際貿易公司之商業往來文件key-in，文件內容包括Excel、Outlook、PowerPoint檔。需轉成word檔。	論字計酬。每字0.3元。
網路行銷平台建置	公司成立完全新的網路廣告行銷平台，已經設計好網站版型，需要架設主機、以及資料庫程式撰寫、建構下單、會員系統、部落格以及管理系統等程式撰寫建置。	論件計酬，預算45萬～50萬。

C：新聞稿的「內容」來自「五個W」

新聞稿的「標題」已訂，寫新聞稿就不難了。如果以公式拆解，新聞稿的「內容」來自「五個W」。

第一個是「WHAT？」發生啥事呢？

再來就是「WHEN？」何時發生的？

「HOW？」什麼細節呢？

「WHO？」主角是誰呢？

「WHY？」為何發生呢？

其中若能再加上「事件重點的描述、數據的佐證、專家的說法或建議」，就是一篇完整的新聞稿。

行銷人員通常以「季節因素」來定新聞稿的「內容」及發送計劃。成功的行銷人員會致力於使自己成為「趨勢觀察」專家，讓之後講的話更有力量。

除了「季節因素」之外，我認為「根據已發生新聞的立即性因應」，也是行銷人員的基本功夫。

例如若當天報紙的大新聞是《蘋果日報》上的「台灣企業找人才難度全世界

最高」，一〇四人力銀行可以馬上分析是哪些產業、哪些職務找人最難？為什麼？

這是「根據已發生新聞的立即性因應」。

不過，要成為「趨勢觀察專家」並不是一蹴可及的事情。得在該行業待過一段日子，且累積了一定的「公信力」，才可能被普遍認可。而且，發言還得符合該公司的品牌調性，不能跳出公司規範。

D：找出該季節與該品牌的相關

既然行銷人員通常以「季節因素」來定新聞稿的「內容」及發送計劃，所以找出該季節與該品牌的相關時間來發稿，為行銷人員的重要工作！

例如，對「鑽石」品牌而言，既然「情人節、聖誕節等」，是可能以「鑽石」來送禮的季節，那麼，在節慶來臨前作促銷、上新品，因此發新聞稿甚至開記者會都有可能！

對人力資源業者而言，每年一、二月的轉職季；五、六月的畢業季；七、八月的打工季，就是可以好好發揮新聞稿的時候。

E：獨特性引起的賣點

何謂「獨特性引起的賣點」？

例如過去我們曾發過一篇：「外包案件好好玩！企業急徵麻將正妹、刺青客、便秘議題的部落格寫手」新聞稿，就是很特別的，也得到許多媒體的採用。這篇新聞稿和「趨勢性」、「革命性」、「爆炸性」、「季節性」無關，但是以獨特性帶出「一〇四外包網」這個產品。

所以行銷人員要多多努力，找到週遭的「獨特性」在哪裡？只要不是負面的就好。

F：長期追縱某種議題

長期追蹤某種議題的新聞稿，是屬於「趨勢性」的作法！但若有「革命性、戲劇性」的轉折更好。

對人力資源業者而言，例如「大陸就業議題」，就是多年的追蹤及分析。今年台灣和中國的互動大為增加，於是「赴大陸就業趨勢」就會有戲劇性的轉折，這類新聞稿，記者會非常感興趣。

G：有數據及專家說法，增加公信力

以「五成六科技人遭工時壓力扼殺，迎接孤單情人節」的新聞稿標題為例，如果拿掉「五成六」的數據，你會發現，這個標題力量不夠了。因為「五成六」就很多，若是「一成」那也根本不值得討論了。

數據的取得其實有一定的難度，除非擁有龐大的資料庫可以分析外，問卷調查也是一個方法。

但問卷調查也有相當的專業度，且從問卷設計、網頁設計、程式撰寫、鎖定對象、發送問卷、收集資料、程式跑出數據及質化分析，工作天至少也得五天以上。不過我認為是值得的！

至於新聞稿中有「專家說法」，是「人為的背書」，和數據呼應一樣，可以增加公信力。

H：圖文並茂增加賣點

新聞稿發送的對象有平面和電子媒體等，若新聞稿附上新聞照片的話，對平面媒體而言，方便運用多了。

特別是消費性產品，業者也會花錢製作精美的產品照片，方便媒體的運用。

I：如何練習寫新聞稿

寫新聞稿不難，但寫得好的人一定是「常常練習」的人。

我的經驗是，「提筆練習」時，思緒甚至會帶著筆走，所以每多寫一篇，功力就增加一點。

還有，多收集資訊、多看報等等，都很有效！我很喜體歡研究報紙上的標題，作為訓練自己的方法。

最後要記得以讓人看起來舒服的排版及字型呈現，還要檢查有沒有錯別字。如果有圖片提供最好，但別忘了下「圖說」。

「受訪」，也有專業！

受訪時的遣詞用字，
要多多小心。
我想傳達的主軸，
是必須思考過，且前後貫穿的，
才可以稍微避免，擦槍走火的可能性。

長期以來，我都是一個媒體的受訪者，所以我說：

「即使是受訪，也有專業！」

先講一個個人的不愉快經驗。

兩年前，我接受了一個人物專訪，雖然記者是初次見面，但因為是很熟的媒體，我受訪時，心裡很輕鬆。

當記者問我過去的一些事情時，記憶中，我曾隨性的回答：「因為我以前比較笨！」

沒想到，長達五頁的專訪，竟然是以我的「笨」，做為標題和貫穿全文的賣點。讀完後，讓我有「非常不可思議」的感受。

更傷腦筋的是，之後，不斷有很熟的朋友向我反應：「這篇文章真的是寫妳嗎？」

還有個直率的朋友，更一針見血的說：「要不是我認識妳那麼久，看了這篇文章，我會以為妳笨了一輩子，忽然運氣好成功了！然後，妳還搞不清楚為什麼？」

我的天！啼笑皆非。

不過，雖然我不認同這篇專訪，我卻必須要體認到：「只要我有勇氣接受專訪，我就得有勇氣，承受專訪的內容。」

為什麼我認為「接受人物專訪」是一種勇氣呢？因為，受訪者在不明白記者的動機、理解力、是否負責任，及不能掌握其文筆好壞之下，就願意讓一個陌生人，用他的筆來描述自己，其實是一件風險很大的事情。

而對一個工作繁重的記者而言，一篇人物專訪，只是他龐大文字量中的一小部分而已；但是對受訪者而言，這篇專訪卻是外界對他的印象，及陌生人了解受訪者的唯一機會。

這讓我想到一個新聞教科書上的案例。曾經，有個美國小人物，接受了報紙的採訪。沒想到報導登出來以後，這個受訪者非常不滿意文章的角度，就找了記者理論。但是記者覺得：

「這只是一篇小文章啊！你幹嘛介意呢？」

這個受訪者只回了記者一句話：「*Your story, My life.*」

媒體和受訪者，是一種有風險的合作關係。過去，我也曾擔任雜誌總編輯，也很喜歡寫人物專訪，而且，總能從受訪者身上學到不少東西。

我認為，要寫一篇好的人物專訪，得花不少的努力去研究受訪者的資料、觀點、性格的特質及人生轉折的關鍵，才是負責任的做法。

通常，我也會在發表前讓受訪者看過，請他看看有沒有寫錯的地方。不過，這種工夫是需要花時間的，在目前這種速食的媒體環境中，不容易做到。

在長期和媒體互動的經驗中，我的確已經有很多無奈的經驗。

例如，之前某大報因為某個求職者受騙的案例，臨時衝過來問我的意見，我必須調開既定的工作，花了一個下午幫他找資料，來證明公司的清白。沒想到，一直到他走之前才告訴我：

「你人很好，我也相信妳說的是事實。不過，我想先告訴妳，我出門以前，標題就已經定下來了，所以，其實妳不管跟我說什麼，那個標題都不會改變的。真的對不起。」

失望的我，跟主管報告，也跟主管認錯，因為我辦事不力。結果，主管要我告訴那位記者：『如果有不實報導，我們會提出訴訟。』沒想到這位記者很皮，他告訴我：

「妳儘量告吧！我也很恨我自己！」

這個回答真令人傻眼！

我也曾經碰過新聞台的記者，在假日臨時跟我連線了十幾分鐘，只為了抓我其中幾秒鐘錄音，「剪進去」呼應他們既定的角度。

當時我正準備上飛機，因為我知道他們可能會錄音，但我不認同他們的角度，所以連線了很久，還是沒有滿足他們。在那十幾分鐘我一邊講，一邊想：

「我該怎麼辦哪？」

最好的辦法是，我可以講出他們可以用，又不違背我信念的觀點。這十分鐘真是公關人員的一大考驗。但對電視台而言，只是幾秒的素材而已。

雖然我負責本公司的行銷及公關、媒體，我的工作其實很辛苦，但是，我也有意外的收穫。

就拿這次我個人的專訪內容好了，雖然我不滿意，但我卻也擁有不少媒體的版面，來表達我的看法，這真是一個「難得的優勢」啊！

也幸好，我在這個環境已經將近十年，深知今日的新聞，就是明日的歷史，所以也不可能介意多久。當然，一直非常正面思考的我，也從這篇不滿意的專訪學習到：

「即使已經習慣面對媒體，也很願意敞開心胸相信人，但受訪時的遣詞用字，還是得多多小心。」

「更重要的是，受訪時我想傳達的主軸，是必須思考過，且前後貫穿的，才可以稍微避免，擦槍走火的可能性。」

從這一課中，我學會了「受訪者的專業」，也未嘗不是一大收穫！

Part 2
投入業務的魅力世界

業務是王

擁有業務能力，
是職場上的不敗競爭力。
三十五歲前，
打算擁有豐富人生的你，
至少要有兩年業務工作的磨練。

無論任何時代、任何地區、任何公司，「業務」都是最重要的工作。在這十年來，多數人對於業務的看法，發生了很大的變化。

還記得十多年前，台灣許多為人父母者，並不贊成子女從事業務工作，其理由不外是做業務「風吹日曬太辛苦」，或是覺得，業務工作的內容是「求人」，沒有專業，社會地位不高。

不過，如果現在你還這麼想，就太過時了。

事實上，從每年社會新鮮人從事業務工作的意願一直上升來看，大家對業務工作的評價已大大升高。現在，我敢非常肯定的說：

「業務工作，絕對是這個時代，最重要的工作。」

為何業務是王？

擁有業務力，是職場不敗競爭力。因為：

一、全世界60%的成功企業家，都是業務出身。

二、金融海嘯前，在一〇四人力銀行的資料庫中，願意從事業務工作的求職者，至少擁有兩個以上的工作機會；如果是有管理能力的業務主管，手上至少有三個選擇。

三、就算是金融海嘯不景氣，工作機會急速萎縮，但業務職的求供比，仍能維持一比一。其他的工作（例如行政職）可能到十幾個人搶一個工作。愈不景氣，企業對業務人才的倚賴更深。

四、這幾年台灣的起薪下降，但生活開銷不斷上升。唯一能打破社會新鮮人薪資行情的工作，就是業務工作。

五、對求職者更有利的是，大部分的業務工作，並不要求求職者的學歷及科系。

業務工作考驗的是「個性的競爭力」，幾乎人人都可以學習。

人人都需業務力

另外，我還要補充一點，就是：

未來不管是哪一種職務，都必須具備業務能力。

即使是專業程度最高的工作，例如律師、醫師，也需要具備業務技巧。因為在高度競爭的商業社會，即使擁有一肚子的專業，沒有業績一樣無法生存下去。

另外，在這個時代，業務工作的內容，也產生了很大的變化。現在從事業務工作，和過去「求人」的形象與內涵，早已不可同日而語。

在不景氣的時代裡，「業務」顯然是企業最求才若渴的職務。但隨著環境的演變，銷售的專業服務也不斷演變。銷售基本來說可以分為初、中、高三個等級：

一、初級的業務方式，我稱之為「交易式銷售」

「交易式銷售」中，客戶對於自己的需求其實已有充分的了解，對於客戶而言，在這個階段他需要的就只剩下「便利」及「優惠價格」。

舉例來說，我們如果要買日常用品時，要嘛，就在家裡樓下的便利商店，原因是「便利」；要嘛，就是利用週末或假日到大賣場採購，原因很簡單，就是因為「優惠價格」。

因此，業務人員在這一階段能提供的服務有限，雖然成交機會大；但是相對而言，業務人員所能提供的「價值」也較小。

二、中級的業務方式，也是近年非常流行的「顧問式銷售」

在「顧問式銷售」中，客戶一般需要更多的專業建議，來協助他做出決定。例如金融業的理財專員，房地產行業的房仲業務等，都可稱為「顧問型業務」。

對「顧問型業務」而言，無論是「態度」與「專業度」，缺一不可。例如目前金融業的「理財專員」，一般都擁有多張證照，但是光靠「專業」絕對不夠。（不相信你可以問問身邊優秀的業務同仁）他們更重要的是，要懂得「顧客心理」，必要時仍然需要提供客戶優惠，因此好的人緣及親和力是必要的。

當各行各業的業務都以「顧問式銷售」自居，它其實告訴我們這早已不能滿足客戶的需求，目前真正的專業銷售服務，早已經演進至下一個階段了。

三、高級的業務方式，即所謂「戰略式銷售」

「戰略式銷售」的定義，簡單的說，有以下三點：

⑴運用所有的能力優勢，來為目標客戶創造價值。

⑵跟客戶同一陣營，並且必須存在「實質互利」。

⑶從客戶在目標設立階段開始互動，並貫穿整個過程。

「戰略型業務」的特色，在於他不僅需具備「顧問型業務」的專業，更重要的是早在客戶還處於「目標設立」階段，便與客戶開始互動，透過「友誼」與「專業」進一步建立信任關係。

「戰略型業務」因為完整參與了客戶端從目標設定到整個決策過程，與客戶更像是夥伴的關係。雙方互為利益共同體，進而以達到「雙贏」的結果。

成為「戰略型業務」的挑戰性很高，然而，由於可以為客戶創造無可取代的價值，當然也一定會為企業創造很大的業績。

所以，「戰略型業務」可以說是這個時代最被企業所倚重的人才。

戰略型業務由於在目標設立階段便開始參與，並一同檢視目標的可行性，從如何可以「滿足目標」的角度，為客戶提供全程提供顧問服務。

不過，由於和跟客戶同一陣營，並且必須存在「實質互利」的結果，「戰略型業務」不能急於催促客戶訂定目標，應該要確認該目標涵蓋到客戶所關心的「所有問題」，待客戶主動做出結論與承諾後，才在買賣雙方都同意的前提下，進行下一步的計畫。

切記，「戰略型業務」的最高境界在於「不積極銷售」，但卻有雙贏的結果。有個大老闆說過：

「三十五歲之前，別告訴我你沒做過業務。」

我再次強調：業務工作，絕對是這個時代「最重要」的工作，擁有業務能力，是職場上的不敗競爭力。

所以，**三十五歲前，打算擁有豐富人生的你，至少要有兩年業務工作的磨練。**

郭台銘教你怎麼做業務

學習怎麼被拒絕、怎麼罰站、怎麼被嫌、怎麼被折磨、怎麼談判、怎麼簡報、怎麼溝通、怎麼協調，……以便學會未來如何當個敢身先士卒，能將心比心的領導者。

大部分的業務工作，並不要求求職者的學歷及科系。且未來不管從事哪一種職務，都或多或少需要具備業務能力。

那麼到底「業務力」是什麼？

「業務力」要從何學習起呢？

我個人認為，業務工作的妙處、及其吸引人的地方，就在於業務工作其實「很難標準化」。

我常在想，既然業務那麼重要，為何卻沒有一間大學或是研究所有「業務」這個科系呢？

我想，原因可能是：就算你是第一名業務系的畢業生，也沒有人敢保證你可以成為TOP Sales……

我不曉得大家知不知道「世界上兩件最難的事」是什麼？

世界上的難事當然很多，然而到底什麼是世界上最難的事呢？答案是：

一、把你腦袋裡的想法，放進別人的腦袋。

二、把別人口袋裡的錢，放進自己的口袋。

仔細想想，這不就是業務嗎？

業務得先了解自己的產品與服務，進一步把腦袋中的想法，放進客戶的腦袋。這是一個不簡單的過程，除了有部分產品可以透過行銷端的協助，利用廣告等工具對客戶進行洗腦。然而大部分的關鍵，還是在業務人員本身的實力。

我們都知道產品或服務不會自己進行銷售，最終還是人跟人做生意。因此過程中必然會牽涉到許多互動及溝通。而這一切的努力，必需要有一個「好感度」的結果，最後才會有業績的產生（把別人口袋中的錢，放進自己的口袋）。

我們來看看台灣首富郭台銘的「業務力」！

你可以試著思考：如果有一家客戶你已努力了兩年卻一直攻不下來，你的反應是？

故事一：

一九八七年，康柏在台灣還沒有國際採購處。

為了爭取康柏這家客戶，郭台銘拋下董事長身分，隻身赴美。展開「一天兩個漢堡」的美國行，郭台銘住在小旅館等待機會。

郭台銘提著公事包賣連接器，起初頻頻吃閉門羹。

後來，他不惜在康柏的休士頓總部旁設一個成型機廠，康柏只要有新設計，最快當天就能看到模型。他的做法讓康柏無法忽視。

從洛杉磯飛休士頓，郭台銘整整飛了兩年，才拿到第一張訂單。

（這是台灣首富耐心及決心的展現！）

你可以試著思考：如果半夜裡客戶抱怨新貨出現大瑕疵，你的反應是？

故事二：

郭台銘是一個打仗衝在最前面的將軍。

「領導人要以身作則，任何困難的事，半夜不睡，在現場的人裡一定有我！」

郭台銘每天開會馬不停蹄，長時間工作，員工跟著不敢懈怠。

「富士康的業務員，沒有回家吃晚飯的權利。」

一位資深業務經理說：「總裁都不回家吃飯，你為什麼要回家吃飯？」

（這是台灣首富身先士卒的展現！）

你可以試著思考：如果你想邀請一位有潛力的客戶來參觀工廠，對方卻不領情，你的反應是？

故事三：

戴爾一九九五年到訪華南時，郭台銘以安排戴爾與他熟識的地方政府官員見面為交換，獲得駕車送戴爾去機場的機會，路上故意走遠路耽誤了航班。

「反正離下班飛機還有這麼長的時間，索性到我們工廠看看。」

就這樣，戴爾這個客戶被他帶到了富士康在深圳的工廠。

（這是台灣首富用心的展現！）

你可以試著思考：如果你知道有一位尚不是客戶的大廠採購要來台灣，你的反應是？

故事四：

有一次某一線電腦大廠董事長親自出馬，率領業務人員在中正機場等待美國的客戶下機。

沒多久飛機降落，所有業務人員一擁而上，準備迎接出關的客人。

但見下訂單的大客戶有說有笑的出關，身邊卻多了個郭台銘和他一起出來，所有人都愣在那裏，無奈地搖頭：

「郭台銘又搶先啦！」

原來，郭台銘早就掌握了該採購大員的行蹤，並在客戶轉機時，和他搭上同一班飛機。

（這是台灣首富行動力的展現！）

從以上的故事得知，業務力包括耐心、決心、身先士卒、用心及行動力。

如果你以後想當個成功的企業領導人，你能想像你的公司沒有業務能力嗎？因此請務必在三十五歲前，好好花兩年的時間認真體會一下業務的工作：

「學習怎麼被拒絕、怎麼罰站、怎麼被嫌、怎麼被折磨、怎麼談判、怎麼簡報、怎麼溝通、怎麼協調等，以便學會未來如何當個敢身先士卒，能將心比心的領導者。」

尋找「天生的業務人」

很多大老闆們經常告訴我：
「優秀的業務員我們很多，
但是我們需要的是優秀業務主管。」
業務人才，指的是「誰能夠領導業務團隊、
並將其能力複製」的人。

台語有個名詞說：「生意仔」，好像這人就是很有業務天份，是什麼素質的人都可以做業務嗎？

我深信絕大部分的人，都可以經過正確的訓練來提高銷售的技巧。

不過，是否對於銷售產生興趣乃至於從中能得到樂趣，那就勉強不來了。

「天生的業務人」一般具備下列的人格特質：

喜歡自己的人，比較容易是個好業務

既然業務人員的工作是把「自己的想法放進別人的腦袋、然後把別人口袋中的錢放進自己的口袋」，所以「自信心」對於業務人員是非常重要的。

通常，天才型的業務人員多半較為樂觀，並且都滿喜歡自己的。因為喜歡自己，擁有自信心，就可以很自然的把「自己」推銷出去，透過成功的自我行銷，才能把產品或服務推廣出去。所以，沒有「自信心」是行不通的。

我要特別強調的是，每個人都有自己的特色，你要「找到自己的優點」並將它發揚光大。

另外，還有一些建議，給有志從事業務的工作人才。

業務必須堅信在為「正確的目標」而努力

特別在不景氣的時代，從事業務工作不免有很多的挫折，所以業務人員最重要的是「個性的競爭力」。

業務人員如果堅信自己在為正確的目標而努力，較能克服挫折感並長期投入。

我常說：「銷售其實是一種信仰。」

所以，考慮自身的特質，慎選自身所「認同的公司、認同的品牌」及「認同的產品、認同的服務」是絕對必要的。

貼近客戶需求

業務員是站在第一線的，可以透過與客戶頻繁的互動，進一步針對客戶的需求，提出最貼近客戶需求的產品，服務及價格。

優秀的業務員要養成一個好習慣，就是永遠站在客戶的立場想事情，這是非常重要的一個習慣。

這樣做將有助於業務的推展並幫助你早一步替客戶找到「願意付錢」的理由。

培養不怕拒絕，陌生開發的能力

業務員也是「表演家」的一種，好的業務員同時代表了產品的價值！

培養陌生開發的能力，學習用生動的方式介紹產品。我在中國大陸的這幾年，接觸了各行各業的台資、陸資及外資企業，其中還不乏規模龐大的上市公司等。

如何與不同背景的人打交道，在有限的時間與資源下，建立與客戶之間由陌生到熟悉，對我而言，也是非常難得的經驗。

專業很重要

充實專業，除了展現在銷售的技巧外，行業相關及產品或服務的知識，也是缺一不可的。

透過專業的展現進而得到客戶的信任，是業務拓展很重要的一環。我相信有經驗的業務都知道：

「專業絕對不代表成交。」

但是，如果沒有專業，你就什麼都沒有了。

優秀的業務都知道，沒有不景氣，只有不爭氣。專業的銷售技巧，行業相關及產品或服務的專業知識，是提升業績的不二法門。

勤勞是業務員的天職

中國大陸幅員廣大，業務員的移動力成為一大考驗。

在中國大陸從事業務工作的我，平均每三至六個月走破一雙鞋子。每次問路的答案，永遠都是：

「快到了，就在前面，轉個彎就是了……。」

我就曾親身經歷，問了三個人，三個人都跟我說快到了，很近。結果我走了四十五分鐘。

其實根據我的大陸經驗，只要是步行三十分鐘以內基本上都可叫做很近。（一小時以內也都是步行範圍）

對於「業務拜訪」，我的心得是：

「見到了客戶，不見得拿得到生意，但如果見不到客戶，肯定拿不到生意。」

俗話說的好：「要怎麼收獲，先怎麼栽。」所以，「勤勞」與「行動力」，會是業績成長的關鍵因素。

單打獨鬥不成局

如何把個人的業務能力與技巧，複製給其他人，這是非常重要的。一個人的能力再強，其影響力畢竟是有限的！要成功，一定要透過團隊的力量。在一○○四中國獵才的客戶，尤其是大老闆們經常告訴我：

「優秀的業務員我們很多，但是我們需要的是優秀的業務主管。」

我們都知道，優秀的業務員不一定是優秀的業務主管。因此所謂業務人才，指的是「誰能夠領導業務團隊、並將其能力複製」的人，這才是企業最欠缺的業務人才。

優秀的業務都是人脈高手

懂得銷售的人，
往往也很懂得「鼓勵他人」。
做業務一陣子以後你會發現，
客戶買的往往不是那個物品本身，
而是那個東西所帶來的「希望」。

看了以上的內容，希望你還沒有打退堂鼓。

業務工作當然有很大的魅力，才會有愈來愈多的人願意投入。

前面說：業務工作，是唯一能打破薪資行情的職務。想賺大錢，就從做業務開始。

前面說：全世界百分之六十的成功企業家，都是業務出身。

前面說：不景氣時企業更需倚重業務人才，且大部分業務工作沒有學歷的限制。

以上說的，全部都是實話。但是，我覺得以上的事實，還是不足以道出業務工作真正的魅力所在。

我認為業務工作的真正的魅力，在於有「大量接觸人」及「競爭」的特性，不但鬥勇還要鬥智，牽涉到很多「心理學」的層面。

身為一個業務人員，「本身」在與他人互動的過程中所展現出的行為、態度、思考邏輯……等，都會因為客戶端人、事、時、地、物的不同，而或多或少有所不同；但是基本上整個過程，就是如何在短時間讓彼此雙方由陌生到熟悉，進一步產生友誼，最後產生信任。

坦白說，很多時候業務工作本身，就是不斷重複一個交朋友的過程，如果你喜歡交朋友，業務工作會讓你的生活更加活潑有趣的。

如何打開你的人脈地圖？

業務工作因為會大量接觸人，所以人脈的經營尤其重要。

試想，如果今天銷售的產品是透過人在賣（而非消費者走進便利商店自發性的購買），在品質相同、價格也一樣的前提下，消費者應該會跟交情深的人買。

但如果業務人員和客戶交情再好一點，有時候品質不見得好、價錢比較貴，客戶還是照樣買。

所以從事業務工作，人際關係好是必要的。所以我想先談談人脈及心理學層面的事。

以我本身為例，我過去七年，在公司轉調了三個部門，但幾乎都在帶領業務團隊，銷售高單價的人力資源相關產品及服務，例如人力資源系統、顧問專案、心理評量測驗、以及現在的兩岸高階人才仲介服務。

這些產品及服務由於收費較高，再加上不容易瞭解，因此銷售的時間一般比較長，人脈的經營就顯得更重要了。

很多人都想找「肥缺」，但我這幾年的心得就是「肥缺不空、空缺不肥」（笑）。

打進有潛力的「客層人脈圈」，就是打仗的第一步。

就以我自己的例子來說，既然我的服務的對象是企業HR單位，在一開始我便思考如何建立屬於我的「客層人脈圈」。

於是我透過大量的參與人力資源相關的協會與組織，到後來還曾經擔任人力資源協會會長的職務，透過定期的舉辦聚會，討論人力資源相關問題及舉辦演講。

我必須老實說，聚會中能夠把握機會展現自己的熱忱，甚至於擔任主持人或講師展現自己的專業，是讓別人認識你最好的方法。

如果能夠借此讓別人對你留下好的印象，這就是開啟「能見度」及增進「好感度」的最佳時機。

認識了有潛力的客戶，只是建立人脈的開始，之後還需要進一步的經營。

要如何經營呢？

找到「自我價值」及鍛鍊「溝通能力」

我深深的覺得，找到「自我價值」及發揮「溝通能力」，是人脈經營的重點。

什麼是「自我價值」？

「自我價值」是除了你之外，別人所欠缺的特質。換句話說，也就是創造被利用的價值。

人們通常不會想與缺乏魅力、毫無價值的人往來。如果你本身根本不是一塊可以吸引人的磁鐵，也不是他人眼中有潛力的人脈，別人根本就沒有意願向你靠近！

談到人脈經營，你必需先找到你自己的價值，然後提供給需要的人，這樣才能展開良性的互動。

你只要到「很多人需要你的地方」就會被珍惜。所以，先嘗試從「需要你的地方」開始吧！

就像我之前所說，在七年前加入一〇四人力銀行後，就開始舉辦人力資源相關的講座，在每月定期舉辦的聚會中，我不只提供了HR相關的資訊、更重要的是會針對HR當前所關心的議題，透過座談會或課程的方式提供建議及解決方案，這個分享過程現在看來，其實就是在傳遞我的KNOW HOW與個人價值。

除了專業，還要能提供高附加價值

具備某種「專業」，是一件很有「價值」的事。

你要知道，消費者產生購買的行為，並不單單只是買那件東西帶來的價值而已，更多的是銷售過程中，是對客戶提供更多的附加價值。

如果業務人員具備某種「專業」，能帶來的價值超過產品本身，那客戶不只喜歡他、更會相信他、進一步依賴他，想當然成交的機會必然大增。

這也是前面已經提到了那麼多業務人員要做的努力，最後臨門一腳的關鍵決勝點。

什麼是專業與高附加價值？

例如說：行銷人員的廣告要如何採買？如何運用有限的資源達到最大的曝光？

這時候，廣告代理商的專業度，就扮演了一個很重要的角色。

如果能根據客戶要主打的族群，給予建議，包括正確的目標對象、合理的價格，再加上透過選擇正確的採購組合，並協助客戶達成廣告目標，這就是專業。

再舉一個例子，如果你今天去一家服飾店買衣服，店員除了口條好、討人喜歡以外，如果他還可以透過自己的專業經驗，從觀察客人的特色及需求出發，並給與如何配搭，髮型，化妝……等建議。讓客戶在預算內搭配出自信、好看及人人誇讚的造型。這就是透過他的專業提供了高附加價值。

如果業務人員擁有專業，客戶會倚賴他，尊重他。不過，我所傳遞的價值，不只是要專業、還要讓人易於吸收及瞭解，而「易於吸收及瞭解」就是溝通能力的層面。

如果所提供的服務及資訊能讓人覺得很有收獲並產生價值，雙方的溝通過程必然很愉快。

好的「溝通」其實在過程中，「聆聽」佔了很大的一部分。

沒有人想從頭到尾聽對方高談闊論，懂得「聆聽」的技巧，對業務工作者來說，格外重要。

所謂「聆聽」，就是從對方身上取得資訊，瞭解對方的需求。一個優秀的業務人員必定是一個好的傾聽者，懂得從客戶身上取得資訊後，針對需求來銷售，是最實際有效的方法。

就像房仲業的業務，如果得知找房子客戶的小孩快要上小學，而客戶（家長）正在煩惱學校的問題，此時如果能從好的學區開始推薦房子，相信成交的機會就相對比較大。

成功的秘訣在於人數倍增

要提高溝通能力，首先，要提高溝通量。對業務人員而言尤其是如此。業務人員如果懶得與人溝通，不可能做到成績。即使是電話行銷的業務人員，每天打一定數量的電話出去，是基本的功課。

如果提高溝通量，也會從溝通中學習技巧，同時提高了溝通品質。不過，提高了溝通品質後，還是得注意對方的感覺。

如果老是在對方不方便的時間打擾人，對方一旦生厭，就很難再給你機會。你必須經常思考：讓對方感到高興的溝通方法是什麼？每個客戶喜歡的方法不同，但是如果你忽略了禮貌（例如在中午休息時間打電話給客戶），對方可能很快就開始討厭你。

所以，要保有人脈，記得「儘量不要給人添麻煩」是個重點。

如果你提不出對客戶有價值的專業資訊、或沒有讓人一目了然優點在哪裡的產品，或是你資質普通，沒辦法一鳴驚人給人留下深刻印象……那麼，你所要做的就是願意「付出」，也就是用人脈經營裡「Give and Give」策略。

「Give and Give」策略，就是對你的目標人脈提供7-11的付出。你可以隨時注意，自己可以提供目標對象哪些援助？這也是很有價值的交換。

多年前我認識的一位廣告公司業務，他只是一個赤手空拳、闖蕩江湖的菜鳥。才剛入行，自己也沒什麼專業，好的客戶及案子當然輪不到他。

他當時最重要的客戶，是一個脾氣暴燥、很難伺候的百貨業中年女性總經理。

這個事業成功的中年女性，剛買一台名車，但她停車技術不佳，往往開到路邊就停不進停車格。據我所知，當時，這個菜鳥業務就常常被電召去幫女性總經理路邊停車。

姑且不論這個女性總經理的行為是否可議，不過這個菜鳥業務的確把這個客戶扣的緊緊的，他的業績獎金有一半以上來自這個客戶。菜鳥業務之後也因此加薪升職。

這就是「Give and Give」策略：如果你沒有什麼吸引人的專業，就「有事弟子服其勞」。

你願意付出「對方所需要的服務」，那就是一種價值。

事實上，對很多有錢有勢的人而言，你可以提供出來的價值實在很有限。這時候，也許你只能透過「好感度」來換取一些見面的機會。

或許你做的是沒有人願意的事，但別忘了只要能出現在客戶面前就有機會，這些微不足道的事還是有其價值。

溝通的本質，就是交換價值。

你如果常識豐富，也是一種個人魅力。之前我部門有個業務同仁，上知天文，下知地理，知識豐富宛如「生活大師」，似乎無論任何的問題只要問他，都可以找到答案，而且他總是非常樂於解答大家的疑問。

所以當他後來離職，去當證券營業員，部門每個人都很願意在他那裡開戶，成為他的客戶。這便是他過去好感度的延伸產生的結果。

如果還拿不出什麼可以「Give and Give」的東西，那麼你最好是一個可以提供別人「靈感」與「趣味」的人。

能提供別人「靈感」與「趣味」的人，大概不脫生活經驗豐富、個性大方的人。或者是每天活力滿滿的人，也讓會人心生羨慕。

另外，「笑臉迎人」也是威力十足的價值。就像某些店裡的店員如果漂亮可愛，再加上總是笑臉迎人，店裡生意總會特別好的道理。

幸好，這些外表、個性、資訊面的呈現，都是可以經由不斷努力改進的。

培養鼓勵他人的能量

懂得銷售的人，往往也很懂得「鼓勵他人」。

做業務一陣子以後，你會發現客戶買的，往往不是那個物品本身，而是那個東西所帶來的「希望」。

例如，女性買了化妝品及漂亮的衣服，並不是單單以擁有化妝品及衣服為樂，而是希望可以透過這個產品，讓自己更好更漂亮。

大家回想一下化妝品的廣告，總會找一些「成功、有自信」的女明星，做為其產品或形象代言人，原因不外乎希望透過廣告來告訴消費者，如果妳使用了我的化妝品之後，它將為妳代來的價值是「成功、自信」。

想想看，妳願意花多少錢來換取「成功與自信」呢？這就是為什麼化妝品專櫃總是生意很好。

再比如我現在做的「高階人才仲介」，大部分的老闆往往最關心的只有兩件事，那就是「人才」與「錢財」。

因此，如果可以透過專業的服務為客戶找到好的人才，進一步透過這些人才替公司帶來商機及好的未來。這就是在創造一個很大的價值。

男性花了大錢買名車，跟女性買名牌包一樣，是為了提升自我價值感，希望「Feel good！」

「Feel good！」的感覺，往往會透過行銷及廣告來洗腦，但是優秀的業務銷售人員，應該也要有能力培養自己並且透過自己傳達「Feel good！」的實力。

客戶在真正使某種產品及服務前，所懷抱的是一種「美好的願景」。而這種「願景」，如果沒有透過行銷體系的事先幫忙，就要透過業務人員以溝通能力或自身的形象描繪出來。

懷抱「美好的願景」的客戶，需要被鼓勵。所以，業務除了提供服務、銷售產品外，懂得「鼓勵人」也很重要。

懂得「鼓勵人」的人，除了口條好、貼心之外，大多擁有熱情的特質。

你不覺得「具有撫慰人心的能力的人」很了不起嗎？其實，業務人員就在做這種工作。

業務人員透過自身的經驗，告訴你這個產品或服務，能給你什麼好處，提升你的生活品質及保障。業務人員也很像產品的代言人。

我建議業務人員平日就可以學習這種「鼓勵人」的技巧。如果你平日不習慣「鼓勵人」，到客戶面前肯定很不自然。

不過要注意的是，如果「過分、誇大」的鼓勵及過分的描繪美好願景，就變成「騙子」了。

如果客戶從「希望」變「失望」，之後產生的憤怒很可能是很強烈的。我老闆時常告訴我：

「如果只做一次的生意我們不做。」

所以業務人員必須在描繪願景、提供鼓勵時，也要記得適當控制客戶的期望值。

提供銷售後，最好其「成果」比客戶的期待值還要高那麼一點點，那之後客戶對你的印象一定特別好

只要「一試成主顧」之後，業務銷售會愈來愈容易，這也是業務會愈做愈順的秘訣。

提供比客戶期待的多一點

業務要做到「提供的永遠比客戶期待的多一點」，這是人性與心理學的遊戲。

如果你想學這些技巧，我覺得，看電視購物頻道，學習購物專家的口條及行銷手法，是每天可以免費獲得的銷售課程（不過請小心……不要看電視購物頻道就衝動買了太多東西）。

業務人員的工作內容，要「與人溝通」，特別是與原來不認識的陌生人溝通。不只如此，最後還得說服他買單。這不是一件簡單的事，但絕對是一種挑戰，並且很有成就感。

積極的拓展人脈，讓別人認識你，是大部分業務人員第一個挑戰。

一般來說，如果你的個性開朗健談、天生就喜歡交朋友，做業務工作應該會特別得心應手。但是即使你原本的個性就比較害羞，其實也可以經由訓練，慢慢成為一個樂於與人溝通的優秀業務。

成為業務高手的「天龍八步」

如果你有一筆預算要花，
你一定會先考慮你喜歡、你信任的人，
而「你喜歡、你信任的人」就是朋友。
所以，「先交朋友，後做生意」，
還是一種相當有效的方法。

想成為業務高手的人很多，能成為業務高手的人就不多了。
根據我自己的經驗，建議你用以下的「天龍八步」：

一、一定要讓自己動起來：

「宅」在家或坐在辦公室裡吹冷氣，你很難認識人。
業務人員最重要的一點，其實就是「勤跑」。
當然，如果你是電話行銷類的業務就是要「勤打電話」了，其實道理是一樣的。

想拓展人脈，一定要多出去活動。

業務人員為了與對的人相遇，活動的地點是必需要經過選擇的。前面提及，我在人力資源公司工作，要了拓展人力資源的業務，可以多參加人力資源講座。如果還有時間，就去念人力資源研究所或EMBA，如此一來不但馬上多了許多人資主管的同學，甚至還有一些同學可能是老闆。

二、用可複製及傳遞的技巧開啟能見度：

多出去活動，就是開啟能見度的一種有效的方法。當你跟愈來愈多的人認識，碰到「對的人」的機會也增加了，這其中孕含著愈來愈多的商機。但還可以有更進階的做法。

我透過寫作的方法，得到演講及受訪的機會，因此開啟能見度。這其中的關鍵是「複製」及「傳遞」。

「著作」是文字，而且是可以「傳遞」，一直「複製」下去的。因此，一次就可以讓很多人認識我。

現在因為有部落格，幾乎每個人都可以發表自己意見與看法，讓許多人認識的機會。

不過，在開啟能見度的同時，你得開始思考另一個問題：

「你想留在別人心中什麼印象？」

如果你想塑造的是某種專業的形象，那麼利用著作、演講等等工具累積知名度的同時，你所傳遞的訊息以及內容的「一致性」及「質感」是重要的。

三、記得長期經營大於短期獲利

我認識一個成功的保險業業務人員，她原本是一位出版業的編輯，但後來轉到保險業後做得很成功，收入很高。

她剛轉保險業時，首先，她先讓大家知道她轉行了，但她不急著做生意。一開始，她每個禮拜，都寄一些大家很需要的資訊，特別是健康資訊或報稅季節的省稅資訊。

她一直透過有效的資訊跟大家保持聯繫，但從不給人買保單的壓力。在一年後，我就自動跟她開口、並買了媽媽的保單。

業務工作的目標當然是業績，但業務人員太快切入目標，會讓客戶有「戒心」，反而不一定有用。

所以，先以交朋友的心態廣結善緣，長期經營大於短期獲利更好。

四、對潛在客戶「關心」大於「算計心」

很多優秀業務都先跟客戶「交朋友」。

事實上，如果你有一筆預算要花，你一定會先考慮你喜歡、你信任的人，而「你喜歡、你信任的人」就是朋友。

所以，即使最後業務人員都希望做到生意，但是「先交朋友後做生意」，還是一種相當有效的方法。

如果是交朋友，就不要讓人感到你很現實，這是最基本的。技巧在於你要付出時間「關心」你的潛在客戶，大於你「算計」他有多少錢可以付給你。

如果你的客戶覺得你對他好，他會更快且樂意把錢掏出來給你。

五、先幫助別人，別人也會幫你

如果你可以在別人心目中，建立一個「熱心又資源豐富」的形象，當別人有「好處」時，也會先想到你。

多年來，無論我在台灣還是上海，有許多的客戶一直跟我維持很好的關係，原因很簡單，主要因為我們早已超越買賣雙方的關係，進一步成為朋友。

所謂朋友，就是互相幫忙求進步，因此當他們遇到問題總不會忘記我，當然當他們有需求的時候肯定也會第一個想到我。所以除了多交朋友，更要多協助朋友，當你有需要的時候就不怕沒人幫忙了。

六、見目標對象前，多做點功課

Google一下，看看你的目標對象這個人的相關資料。如果你找得到他的資料，在見面之前能夠對目標公司與客戶有一定的瞭解，那麼必將有助於雙方第一次的見面！

在每次拜訪陌生客戶之前，我一定會先準備好一份客戶資料表，內容包括：

- **客戶的基本資料**
- **產業背景**

・產品及服務

・市場定位及佔有率

・競爭對手分析

・最近的新聞

・其他

如果你只懂得自己銷售的產品與服務，可是對於你的目標公司與客戶確沒有足夠的理解，就算是成交，那我相信也是運氣的成份居多。

七、存人脈、養人脈

人脈其實就好比金錢，每個人在每個人心中都有一本存摺，也可以稱為人脈存摺。

如果你已經認識了很多潛在客戶，就好比是一個人開了很多的帳戶，然而如果沒有存款，還是等於零。

因此，在開了帳戶之後，別忘了還是得存款，把人脈存摺給培養起來。

要如何替人脈存褶存款呢？比如說，定期參加相關聚會，不定期的以MSN

或e-mail保持聯繫，都是存款的方法。

切記「在沒有需要的時候，就要先把人脈建立起來」，而不是等到需要時，才臨時拉關係，那往往沒有用。

八、抓住祝賀的時機

要交朋友及培養人脈，抓住「祝賀的時機」，是一個不會出錯的方法。例如，你的客戶新店開幕、甚至升官、生日、生小孩時……都是你表達關心的好時刻！很多業務會以送花的方式，不過，送了花再補一通電話「親口」表達祝賀也很必要。

除了錦上添花要做，雪中送炭更是不可少。

前些日子我的一個客戶因病住院，他一直告訴我千萬別去看他，可是當我在他病床邊緊握著他的手的那一剎那，我知道我們的關係已經從客戶關係轉換為朋友了。

有一句廣告詞「人是喜歡收禮的動物」，這其實是滿有道理的。

不過送禮也有很多藝術。除非是特殊的情形，否則太貴重的禮物、或收起來會感到「不自然」的禮物，反而可能會令對方覺得壓力很大而未必敢收。

因此我通常會趁出國或旅遊帶些「當地名產」或「有特色的小禮物」，這是成本不高又能表達好意的東西。

電話也能帶來生意

除了以上的步驟，想成為人脈高手，有些小細節也可以多多留意：

每次在中午吃飯時間接到電話，我都會覺得對方「怎麼了」？如果不是什麼我覺得非常重要、非中午吃飯時間打不可的事，我大概會覺得對方滿失禮的，如果對方是打來要業績，那就更不可能了。

所以，在中午休息時間打電話，不是個好主意。（當然如果是客戶打給你，那就不一樣了！）

現在很多人用手機，業務人員有時一掛完客戶的電話，就忍不住抱怨或批評，那其實只是抒發壓力，無可厚非。

不過，請記得要「確定掛斷後」再開口抱怨，要不然萬一對方聽到實在很糗。

如果是在辦公室裡打市話，連掛斷電話的聲音及速度都要注意。

我曾親眼看到某位資深的業務人員，常常很有耐心的回答電話中的問題，聲音也很好聽，但每次她一說「再見」後，就「立刻」用力「摔」電話。

我想，如果對方還沒掛電話，聽到她惡狠狠的電話掛斷聲，那她前面的努力簡直就是「破功」。如果這樣，那又何必枉費之前花了那麼多時間，營造好的氣氛溝通呢？

我通常會在與對方說再見後，心中默念「1，2，3，4，5……」然後輕輕掛上電話，免得用力掛斷電話的聲音把對方嚇到。

這不只是一種習慣，也是一種禮貌。

在人生地不熟的環境下開發客戶

進大陸開發客戶難不難？
老實說真的很不簡單。
成功的秘訣跟在台灣經營客戶是很接近的，
只要具備樂觀的心態、正確的方法，
及到位的服務並持續做下去，
就會有機會成功。

三年多前，一〇四進入大陸做人才仲介的生意，我奉命外派大陸負責的一〇四中國的獵才業務。有許多人問我：

「剛進大陸，人生地不熟，要怎麼開發客戶？」

在此我把這幾年在中國大陸開發客戶的經驗，稍加整理成以下幾點跟大家分享。

一、不要怕「難做」的客戶

中國大陸的獵才公司很多，大部分我過去在台灣服務過的客戶，也早已經在當地有固定配合的獵才公司。

所以，一開始我們雖然接到的單子，多半是「難度很高」或是其他獵才公司不願意接的人才需求。

我團隊的顧問，當初也曾因為接到的單子「不好做」而埋怨。但是我告訴他們：

「好做的案子，幹嘛要找我們做呢？」

我們沒有客戶，更沒有選擇客戶的權利，只有「盡其所能」的幫客戶找到難找的人才，解決客戶的問題。

只要完成了初期難度高的挑戰，客戶在認同了我們的能力之後，自然就把其他的訂單也給我們了。

二、不要怕「競爭者多」

如前所述，中國大陸的獵才公司非常多，所以當一〇四獵才一進入上海，就得面臨許多同業環伺的競爭態勢。

不過，從另一方面思考，獵才公司之所以「非常多」，這表示這是個龐大的市場並且一定有商機。據麥肯錫關鍵報告：

「中國大陸未來十到十五年，仍需要七萬五千個有國際經驗的高階經理人。這是中國經濟崛起後，最大規模的經理人需求。」

所以，不怕沒有生意做，只怕我們不爭氣。

三、大公司的客戶不是最大的獲利來源，但可以為品牌背書

在我的經驗裡，大公司往往不是最大的獲利來源。因為他們認為自己招牌大，要吸引人才並不難，因此無論在合約內容到付款方式，都有自己的規定，往往光是合約來回就要三四次，所以從大公司獲得利潤較難。

雖然大公司不是我們最大的獲利來源，但是我還是願意多接幾單大客戶的訂單，原因不外乎服務過幾家大客戶，可以為我們的品牌背書。

四、不要短視近利

只有合理的價格才會長久，千萬不要因為眼前的利益而忽略應有的誠信。

因此，我在報價方面會特別注意。

我往往會想，不要只做客戶這一單，我總希望客戶只要有人才的需求，都能透過我們的服務。所以，報價方面，會盡可能滿足客戶的需求，當然價格的高低其實取決於你所提供的價值。

因此，我通常會希望我們給客戶的是「合理的價格」，但提供的是「超值」的服務。

五、做出差異性

「為台商找陸幹，為陸資企業找台幹。」

在過去這幾年中，我們已經累積了許多豐富的實戰經驗。

我曾替台商的高檔餐廳企業找到金髮碧眼精通三國語言的經理，也為陸資企業找到台籍總經理；還有替新疆的上市公司找到台籍品牌經理人，和替陸資企業找到駐台辦事處代表等。

我還發明了「協同面試」的服務，在必要的時候陪同面試，做陸資老闆與台籍經理人之間的橋樑。

既然一〇四擁有最多台籍經理人的資料庫，我們除了盡最大的努力，協助客戶即時找到需要的人才之外，更應該思考如何做出差異性的服務。

六、服務好求職者，也培養了未來的客戶

獵才的業務很有趣，這些被我服務過的高階求職者，幾乎百分之百是我未來的客戶。因為，當他們未來有用人需求時，一定會把訂單優先給我處理。

他們從求職者變成客戶是必然的過程。所以，這個行業雖然有其難度，但只要認真處理每一個案子，到頭來會演變為一種「良性循環」。求才及求職兩端最終將都會是我的人脈。

進大陸開發客戶難不難?老實說真的很不簡單。

成功的秘訣跟在台灣經營客戶是很接近的，我相信只要具備樂觀的心態、正確的方法及到位的服務並持續做下去，就會有機會成功。

雖然是一條長遠的道路，但其中的過程與成就感，對我而言很有價值。

速度決定成敗

「出現」不代表一定可以成交，
然而「不出現」原則上都「不會成交」。
所以，該出現的時候一定要出現，
而且，是在最短的時間內出現。
這是身為一個業務人員的基本態度及天職。

最近我看了《成吉思汗》這本書，在閱讀本書之前，我對成吉思汗的認識其實是非常有限的。

然而真正讓我感到好奇的是，成吉思汗究竟用的是什麼方法，能夠在這麼短的時間成就百年大業？

對於他的策略與戰術，我都抱有極大的興趣。

看完《成吉思汗》之後我認為，他的策略，可以讓長年從事業務工作，尤其是身處於中國大陸這麼大的一個市場的我，找到許多可以借鏡與效法之處。

例如書裡提到，當探子回報，成吉思汗的軍隊還有「七天」會到達，成吉思汗的軍隊，卻能在「二天內」就出現在城門口，將對手殺個措手不及。這到底是什麼原因呢？

成吉思汗的軍隊，騎馬不是一人一匹，而是一人配好幾匹馬。每到一定的距離就換馬前進。並且他的軍隊全部都是輕裝出動，他們不需要大量的糧食，只要有馬奶做成的乾糧（類似於現在的營養補充品），加上清晨甘露，便可以維持他們所需。

另外即便是在營地，也不一定生火；再加上攻城的機具是到達陣地以後就地取材。因此成吉思汗的軍隊總是能夠在「最短的時間」到達目的地。

由於中國大陸的幅員遼闊，「移動力」便成為一個很重要的關鍵因素。如何能在「第一時間」出現在客戶面前，真的非常重要。

因此，如何有效的利用時間，在最短的時間有備而來，就好比成吉思汗用兵一般，就成為一個大學問。

還記得以往在台灣拜訪客戶，最遠的要算是南投的南崗工業區，從台北出發差不多五至六個小時。一早從台北出發先到台中，再由台中火車站轉車到南投的中興新村，再從中興新村叫當地的計程車到南崗工業區。

然而，相較於現在在中國大陸，五至六個小時的車程，可以說是家常便飯。

前些日子有一個外地客戶，因為臨時有一個很重要的職務出缺，加上他們老總必須提前返台，因此要我「第二天一大早」就得到他們公司。

我問助理，那何時我必須要出發？在助理上網了解了正確位置之後，淡淡的說了一句：

「你現在就該走了！」

這不禁讓我想到：成吉思汗的「速度」決定勝敗。因此，在掛斷電話之後，我們馬上進行了任務分配，助理安排交通問題。

另一方面，同仁也必須把客戶相關資料準備齊全e-mail給我，以便我在一下飛機時可以順利收到。如此，我便可以利用從機場到目的地的車上，做最後的準備工作。

根據我親身經驗，很多時候「出現」不代表一定可以成交，然而「不出現」原則上都「不會成交」。

所以，**該出現的時候一定要出現，而且，是在最短的時間內出現**。

這是身為一個業務人員的基本態度及天職。

即使是客戶臨時性的急迫需求，我也盡可能不遲到（當然也不要太早到！）切記，**除了「出現」，更重要的是要「有備而來」**。

在客戶急迫的邀約，仍能「有備而來」，其關鍵就在於對自身專業有一定的掌握度，這是有賴於平日的努力。

另外，能夠透過團隊有效的分工及協助，並善用科技，使得我即使人在外地也可以在第一時間掌握資訊，這種種條件加起來，我就有可能給客戶「即時」的協助，並有機會做出讓客戶「心動」的貢獻。

業務員的創意

當業務的心得是：
「永不說不」。
試著嘗試新做法，
永遠不要滿足現況，
往往會有意想不到的收穫。

過去，我在台灣一〇四擔任業務的工作，負責的是人力資源顧問及系統軟體的銷售。該產品有一定的銷售難度，需要我的人力資源專業背景來支撐銷售，因此我是一種顧問型業務的角色。

當時工作雖然辛苦，但很有成就感，也因為業績的達成讓我的收入倍增。

不過，三年前，我的生涯大轉彎，老闆指派我到中國大陸，負責「企業獵才」的工作。

這是屬於高階的人才仲介，也是一種顧問型業務的工作。

當初我接受這個任務時，很多人都覺得太冒險也太可惜，因為我過去在台灣已經累積了很多客戶，此時投身到中國大陸，不但客戶得重新開發連團隊也要從頭建立，放棄的東西真的很多。

不過，當時的我，心中早已有了挑戰中國大陸這個一級市場的企圖心，並想借此測試自己的能力。

到了大陸後，我清楚知道無論如何非得找出生存之道，不想辜負老闆及自己的期望。

過去的人脈資源到底可不可用？至少對我而言，還是滿不錯的。

我過去服務的客戶，如果有中國大陸的獵才職缺，原則上會給我一個機會不成問題。然而光靠過去服務的客戶介紹是絕對不夠的，我還是要自己開發。

我幫企業獵才的對象，多半是總監、處長、副總、總經理等高階經理人，只要他們夠優秀，其實手上也總有幾個好的工作機會讓他們挑。

所以，這些優秀的人才，當然更需要好好的經營。為了讓我的候選人能夠更珍惜我所提供的服務，對我黏度更高，我發明了「協同面試」來協助他們。

甚麼叫「協同面試」呢？就是在高階經理人面試時陪他們去，在旁邊予以協助。

例如說，在台籍求職者及陸籍老闆或台商及陸幹之間，我可以在面試時，協助雙方成為他們溝通的橋樑。

不過，在幅員廣大的中國，這樣舟車勞頓，當然得付出很大量的時間及精力。所以，過去幾乎沒有聽說有人是這樣做獵才工作的。

這樣的付出有價值嗎？一路走來，我不否認這樣做的確很累，但是從成交率看來，這對客戶與候選人雙方來說，真的滿有價值的。而這些被我服務過的候選人，未來也可能再委託我們找人才，再次成為我的客戶。我的心得是：**不要僵化於既定的做法，發揮創意讓服務到位，創造別人沒有的價值**。

另一個很有趣的獵才經驗，是上海一間高檔的餐廳，要找一位外型亮麗並且有經驗的「外國經理」。這樣子的候選人在我們一〇四的資料庫很少，所以，難度更高了。

當時我首先選定了「異國風味的田子坊」做為我的目標，因為那裡有許多的外國餐廳。

還記得出發當天下著大雨，餐廳裡人都不多，所以我有機會和每一間餐廳的經理聊天。也因此，我幫客戶找到了一位金髮碧眼精通三國語言的經理。

做為一位業務人員，「成交」的最重要秘訣是甚麼呢？

我認為，最重要的應該還是「堅持」吧！也就是願意做，我常說能力可以培養，但意願很難。不要害怕挫折、不要怕辛苦、不要怕鞋子被磨破。

另外一個當業務的心得是：

「永不說不」。

試著嘗試新做法，永遠不要滿足現況，往往會有意想不到的收穫。

也許，你會問我放棄過去，到中國大陸這麼拼是為了甚麼呢？我想我會很自豪的說：

「我在一個世界級的城市，和一流的人才在競爭。」

能透過努力、發揮創意並完成任務，這種「成就感」是非常過癮的。當然，只要做出一定的成績，薪水就會有「先蹲後跳」的爆發力。

電話行銷成功的秘訣

就是因為我們都喜歡自己的工作，
從中付出並得到快樂及充足感，
也因此反而做出了成績。
所以，工作不只是追求薪資，
工作也是實踐自我、得到滿足的一種過程。

電話行銷，是現在很常見的業務做法。

我曾經問一位高薪、傑出的電話行銷業務人員，她的成功秘訣。她不假思索的說：

唯有「勤奮」二字。

剛接下這份工作時，她嚴格規定自己每天至少打一百通電話，沒打完絕不下班。

此外，就算當下客戶沒有需求，她也會紀錄下來，持續追蹤。她經常利用假日到辦公室整理資料，研究客戶的需要，思考不同客戶的應對策略。

難免會碰到難纏的客戶、挨罵是免不了的，此時她會讓自己的想法「轉個彎」，展現「同理心」，就不會有難過的情緒。

例如，有一次，客戶期望爭取折扣，但礙於公司規定，她無法讓客戶如願以償。結果，對方請出經理跟她溝通，這位經理罵得十分激動，她感覺那位經理是為了在同事面前展現威嚴，想到這點，她完全可以理解，當然也就一點都不難過。她強調：

「最重要的是，大部分客戶因為我們的專業幫助，解決了困難，也得到滿足，所以對我們黏度很高。而且，誇獎我的人很多，所以沒有那麼容易挫折啦！」

基於好奇及實驗的心情，她也樂於嘗試新做法。結果發現，產品好，加上電話行銷人員的誠心、努力及創意，成交生意沒有想像中難。她說：

「每一次摸索出與客戶應對的新方法，都有很大的成就感。」

每次和不同的優秀業務人員聊天，我都有相同的體認：

「成功的人不會受限於既定的模式及資源，他們都勇於嘗試、正面看待事情，而且都勤奮不懈。」

的。

另外，真正的「專業」往往不是來自於課堂，而是從實地操作中淬煉出來的。

我最後問她：「妳有必要這麼努力嗎？」她的回答很妙：「這不是有沒有必要的問題吧，因為我很開心啊！」

也許就是因為我們都喜歡自己的工作，從中付出並得到快樂及充足感，也因此反而做出了成績。

所以，工作不只是追求薪資，工作也是實踐自我、得到滿足的一種過程。

對三類客戶的經營建議

面對這三類不同的客戶，
各有挑戰，也各有樂趣。
坦白說，愈是難以克服的客戶，
越能彰顯業務人員的實力及價值。
你準備好挑戰自己了嗎？

「業務工作」絕對跟「與人互動」相關，而業務最重要的互動對象當然就是「客戶」。

面對不同客戶，挑戰不同。一般來說，我把客戶分成三類。

第一類客戶

就是對我所銷售的產品及服務，「已經有明確的需求」的客戶。

面對這類客戶，業務對產品的熟悉度一定要夠，免得被客戶考倒了。

記得多年前我開始銷售人力資源的評量產品時，由於客戶是心理學的專業，因此曾經被客戶考倒。那時候開始我強烈的要求自己，補強對產品的知識，我告訴自己如果客戶的提問，不能有三個以上的答案，我沒有資格銷售產品。連產品都不夠瞭解卻想成交，真是太天真了。

此外，面對第一類客戶，業務人員的「人緣」格外重要。因為除非自身的產品超強，否則客戶必然會有很多選擇。這時業務人員的「軟實力—人緣」就會產生很大的影響力。

第二類客戶

是對產品「有需求」，但他們可能已經用了別家的產品或服務，或需求不是立即的。

面對這類客戶，業務要保持良性的互動關係，甚至盡可能發展為朋友的關係。當人與人之間的藩籬被打破，就有機會進行進一步的溝通與交流。

這一類客戶，是屬於中期客戶，需要時間經營，我常以經營朋友關係的角度來看待，當中期客戶某天需要我的產品及服務時，往往就會直接做成業績。

第三類客戶

是對產品「目前沒有需求」，甚至對產品並不瞭解。這是屬於遠距離客戶。面對遠距離客戶並非沒有商機，首先需要引發他們對產品的瞭解及動機。對於這類客戶，「行銷力」會比「業務力」更有效率。企業往往透過大眾行銷、廣告等方法，建立了產品的能見度及好感度，讓遠距離客戶變成有機會可以開發的客戶。

這幾年我花比較多時間了解及學習行銷，也明白體會「行銷和業務」其實是一體兩面，若業務人員能同時擁有行銷力，便可以在推展業務時有更多的變化及達到更大的目標。

面對這三類不同的客戶，各有挑戰，也各有樂趣。坦白說，愈是難以克服的客戶，越能彰顯業務人員的實力及價值。

你準備好挑戰自己了嗎？

你想當「購物專家」嗎？

業務行銷不止可以用在商品上，生活中也是無所不在。每個人無時無刻都在當業務員，只是每個人賣的產品不同罷了。

長久以來我都認為，電視購物頻道的購物專家，絕對是最強的業務人才之一。

有別於其他的業務人才，電視的購物專家，是無法與消費者面對面，卻要在很短的時間內，讓電視另一端的消費者掏錢買單，這種挑戰非同小可。

在台灣，最知名的購物天后就是利菁。由於業績過人，當時，利菁每個月領的薪水，比當時的總裁王令麟還高。

她的豐功偉業包括：塑身內衣賣了十萬套、在八十五分鐘內，賣出七百多台筆記型電腦。還有，八十分鐘內，賣出三百八十顆一克拉鑽石！

另外，在六十五分鐘內，利菁賣出二六五台休旅車，六十分鐘賣出二五〇台房車等等，她堪稱台灣最強的業務天才之一。

二〇〇九年八月，我有幸成為電視購物專家大賽的評審，在這個辛苦的過程中，我從中獲得許多心得，可與有志於學習業務能力，或想投入電視購物專家的人分享。

一、業務人才最好要挑對商品

誰說好的業務人才是什麼東西都能賣呢？我看不盡然。

一個優秀的業務人才，是掌握了「業務銷售的精髓」，所以，可以賣的項目可能比較多。但在眾多商品中，每個業務絕對有「比較適合」銷售的產品。

在我評選的比賽中，有兩個男性參賽者選擇賣女性胸罩。坦白說，我覺得男性賣女性胸罩，是「很難」讓女性消費者感到舒服愉快的。在真實的電視購物環境中，可能立即被轉台。

所以，有志從事業務銷售的你，在「可以」的情況之下，還是選擇你比較有感覺、比較願意了解或比較適合的商品賣，加上你的業務能力，才會有如虎添翼的效果。

二、業務人才要注重好感度，電視購物專家尤甚

特別在電視購物頻道，購物專家(業務人才)的好感度，是格外的重要。因為，電視遙控器抓在觀眾手上，觀眾（消費者）一不對眼，就馬上轉台了。

購物專家在開口之前，「外表」在電視上絕對是第一個要挑戰的項目。你不一定要長得像金城武，但打理你的外表，絕對沒有錯。

三、產品力絕對要表達清楚

在電視購物專家大賽中，有不少參賽者才華洋溢，但是在兩分鐘的銷售比賽過程中，他們忙著表現才藝，卻忽略了「銷售產品」，才是電視購物專家大賽的重點。

所以，如何在時間壓力之下，把產品的優點表達清楚，才是最重要的挑戰。「產品力要表達清楚」，這是業務銷售人員一定要注意的事。

在比賽中，有一位先生跳了一分半鐘的霹靂舞，但只介紹了二十秒的產品，就算是他舞技非常卓越，仍然沒有稱職的表現他的業務能力。

四、別浪費時間，把握黃金七秒半

所謂「黃金七秒半」，就是別人認識你時，在前面的短短幾秒鐘，就決定了「要不要給你機會」？

利菁曾分享她的失敗經驗。

她二十歲時，曾經在一次走秀選拔時，因為穿不慣高跟鞋所以走路的樣子怪怪的，於是馬上被評審刷掉。她說：

「老天爺只會給你一次機會，如果你沒準備好，一旦錯失了，再怎麼哭鬧，都無法彌補自己犯的錯，這就是社會的冷酷和現實，這也是我最大的人生體驗。」

如何把握關鍵的黃金七秒半？秘訣就在充分的準備及練習。

五、別讓「特色」弄巧成拙

「特色」當然是讓人印象深刻的做法，但「特色」不一定引發好感度。

在比賽時，有個參賽者男扮女裝，評審在七秒之內，就讓他下台了。

並不是評審太嚴格，而是在真正的電視購物平台上，觀眾就是你的評審，他們連七秒都不會給你。

坦白說，男扮女裝很搞笑，但並不討喜，也不會讓人想把錢掏出來。

六、展現你的「才華」，讓人印象深刻

「才華」通常是會讓人眼睛一亮的魅力。

在比賽時，有個參賽者是配音員出身，他用各種聲調（包括用老人、青年、小孩、男人、女人的聲音等等），以廣播廣告的方式賣產品，讓全場為之震撼。

展現你的「才華」，會讓你在芸芸眾生中脫穎而出。

七、展現「才華」外，別忘記工作的核心價值

在展現「才華」的時候，記得這只是加分的調味料。不要忙著展現才華，卻忘了你其實在賣東西，你是個業務銷售人員。你的工作，是讓別人把錢掏出來。

所以，在電視購物平台上，你不只是個舞台劇演員。

八、誇大不實令人討厭

在銷售的世界中，過分的誇大不實，會令消費者非常反感。雖然商品沒有十全十美的，但是，業務人員的誇大不實，長久看來，對業務是一種傷害。

好的業務人員會把「銷售重點」，集中於產品真正的優點上，告訴消費者，該產品將帶給消費者什麼利基點。

有時候利基點可能是贈品或折扣，這是給消費者實際的回饋。甚至，優秀的業務人員會懂得控制消費者的期待值，然後，給消費者「超過期待值」的商品或價值。

如果你能做到這一點，消費者就有忠誠度，成為你的死忠客戶。

九、業務人員的抗壓力要強

在電視購物頻道，購物專家要面臨的，是分秒必爭的銷售實績。

檔。

如果在電視購物時段中，幾分鐘過去仍沒有創造業績，很可能就會當場被換

那種秒殺的壓力，是來自立即性的勝敗，實在非常殘酷。

購物專家面臨立即性的勝敗挑戰，如果一旦輸了一次，還能繼續昂首闊步嗎？但唯有抗壓力強，才能面對接下來的挑戰。

就像業務人員每個月業績總會再次歸零，業務人才抗壓力要強，才能有豐碩的成果。

十、事前的充分準備才是王道

利菁曾說：「剛開始當購物台主持人時，根本沒有製作人要跟我搭檔，因為車禍造成聲音低沉沙啞，他們都覺得聲音要甜美才好賣東西，所以後來和我搭檔的製作人，都被其他製作人笑，說他挑中一個聲音最難聽的，我知道這件事之後，非常難過，於是告訴自己只准成功不准失敗。」

好勝的利菁用事前的充份準備迎戰。她說：

「因為製作人的揶揄，我更加賣力，賣東西前，我先作功課、試用產品，還

把其他家同類型產品拍照比較，比別人多花十倍時間準備，這就是我成功的祕訣。」

業務員的誠意

最後，談到業務銷售中的「殺手級應用」，就是「誠懇」。這又不得不分析銷售天后利菁的銷售魅力及秘訣。

利菁教導業務銷售人員「將心比心」道理。利菁曾說：「每一次的銷售，都把觀眾當成家人，把產品當成自己要用。」她說的每一句話，推薦每一項產品，都是用感情，以誠懇的心博取觀眾認同。「誠懇」就是打動人心最重要的武器。

在評審過程中，我看到有些參賽者口條雖好，但顯得流氣沒有誠意。所以，口若懸河不見得吃香，誠懇反而更令人喜歡，因為買賣需要信任基礎。

所謂業務員的誠意，是要瞭解產品，真心的喜歡、認同它，然後，自身成為商品的代言人，用心且賣力的，把商品銷售出去。利菁說：

「銷售任何產品都不成問題，只要找對族群，再以消費者立場找對方法，都可以成為頂尖業務員。」

很有趣的，利菁也認為，業務行銷不止可以用在商品上，生活中也是無所不在。她曾說：

「業務員是高尚的職業，每個人的職業都是業務員，例如做太太也要有行銷概念，行銷溫柔、美麗、愛心給老公，可以煮好吃的飯、撒嬌、製造浪漫氣氛，增進夫妻感情。而藝人也是業務員，因為他們在賣專業的表演。」

所以，每個人無時無刻都在當業務員，只是每個人賣的產品不同罷了。

Part 3
增進別人對你的「好感度」

人人都需要好感度

在與他人合作的過程中，
行銷人員的「個人好感度」，
會影響到談合作的結果。
而業務人員也是，
消費者不會跟不喜歡的人買東西。

不論是從事行銷工作，或是業務工作，有很大一部分，都跟引發「好感度」有關。

其實，透過學習「增進好感度」的功夫，在人生的各個面向都會受惠。「行銷」人員透過廣告、公關、活動、媒體等專業，增進企業或產品的「好感度」，以達到感動消費者，提升消費者的好感度，進而產生購買的行為。「行銷」人員要關注的重點是：

「透過這些工具要傳達什麼內涵呢？」

一旦決定傳遞的素材，再採用最有效的溝通工具傳遞。行銷人員不管是運用何種方法，其目標都是創造好感度，進而產生銷售（績效）。

業務人員的「增進好感度」工具比較少，其工具通常就是「自己」。如果行銷力已經強到讓消費者走到產品前面進行購買，那「業務」人員可以著墨的地方就很少。

例如說你到門市買一罐可口可樂，影響你去拿可口可樂的不是「門市業務」人員，而是之前透過廣告活動的「行銷」，影響你的購買行為。

不過若行銷力或產品力不足，或單價高一點的商品，消費者就不會那麼輕易的買單。這時，如何讓消費者決定購買？答案是：

「業務」人員自身的「好感度」。

就算行銷力或產品力夠了，消費者還是可以決定，我要向誰買？

試想，消費者會跟不喜歡的人買東西嗎？這種情形應該很少。

所以「業務」人員的「個人好感度」尤其重要。

當然，目前「行銷」人員的「個人好感度」的重要性也不遑多讓。由於不景氣，很多行銷人員，都是透過「策略聯盟」完成組織任務。

所以，在與他人合作的過程中，行銷人員的「個人好感度」，也會影響到談合作的結果。

另外，公司的公關人員所負責的公關事宜，也是行銷的一環，以與人合作為業的企業公關，其「個人好感度」當然更重要。

這一單元，就是要跟您分享一些增進別人對你好感度的方法，我們先談如何增進「個人好感度」。

先從改善外表開始

花心思投資在外表的「包裝」上，是職場必要的功課。這不是要求你變成一個「只」注重外表的人。這只是一個開始，而且是有注意就有進步。

增進「個人好感度」最基本及簡單的方法，是從「改善外表」開始。雖然我不太願意承認以下的事實，但外表的重要性，的確是超過你的想像。

Discovery頻道曾經播過一個實驗。實驗中，同一位求職者喬裝成兩個不同裝扮的人，先後到同一家公司應徵同一份工作。

第一次面試，她打扮得不太起眼，但表現出的專業技能很強，結果得到的答案是：

「請回去等候通知」。

第二天，她打扮得光鮮亮麗，雖然故意在專業上表現平平，人事部主任當場對她說：

「請妳明天就開始上班吧！」

為什麼會這樣呢？

因為，大部分的人並沒有機會或耐心「先了解你的內在」。大部分的時候，人們會已經根據你的外表下定論。

我曾經問一個知名葬儀社的老闆，他如果要雇用禮儀師，會考慮什麼項目？（因為薪水高，在台灣，禮儀師的職務受到滿多求職者的歡迎。）

葬儀社的老闆很乾脆的回答我：

第一是「不能怕屍體」。

第二，當然是「外表」。（葬儀社的老闆加重語氣強調說）

哇！連應徵禮儀師，外表都很重要？葬儀社的老闆加以說明。他說：

「禮儀師外表很重要，倒不是一定要長得多帥或多美，而是禮儀師必須擁有親切、專業、整齊的形象，外型的『好感度』非常重要。」

接著老闆又進一步說明：

「死者的家屬會『立即判斷』到底要交給哪一家葬儀社來處理？這是家屬迅速、直覺的過程。所以，禮儀師的外表是不是可以讓家屬喜歡或信任，就是那第一眼，短暫的決勝關鍵。」

如果連應徵禮儀師都如此，外表的重要性，還用我多說嗎？

所以，不論是在工作場合或是交朋友，如果你的外表，不能反映你是一個值得認識的人，你未來都可能都得花上數倍的精力，來扭轉這樣錯誤的第一印象，甚至，連這樣的扭轉的機會也不會有。

這個道理，和商場的販賣商品是一樣的。包裝漂亮的產品不管好用與否，都很容易被買回家。

醜陋的商品即使很好用，也未必被人青睞。

所以，花心思投資在外表的「包裝」上，是職場必要的功課。

當然，這並不是要求你變成一個「只」注重外表的人。這只是一個開始，而且我覺得是「有注意就有進步」。

邱文仁的減重秘方

減肥的概念跟我「學英文」一樣，其關鍵字是「持續」。我不燥進、不勉強、慢慢來，要讓過程充滿樂趣，才願意持續下去。

想「變漂亮」是很多人的願望，我也不例外。

去年底，我刻意瘦了幾公斤，大家都說我變漂亮了，而我親身的感受是，瘦下來身體狀況變得更好。

沒想到，某天電視台竟然來採訪我的瘦身方法，在新聞中足足播了一分鐘四十秒。

（我的天，我變瘦真的有差那麼多嗎？）

這則新聞讓我大吃一驚！

我的瘦身方法其實很簡單，過程完全沒有痛苦。習慣加班的我，以前九點吃晚餐，現在就算加班，也盡量七點前先吃。另外，熱愛白飯的我，晚餐澱粉刻意少吃，還有，絕對不吃消夜。就這樣，我大約三個月就瘦了六公斤。另外，我有一搭沒一搭的擦擦減肥霜，沒事做做伸展運動，還有偶爾用用減肥腰帶。

這樣做，對我很有效。其實，我減肥的概念跟我「學英文」一樣，其關鍵字是「持續」。

減肥和學英文，我都不燥進、不勉強、慢慢來，要讓過程充滿樂趣，才願意持續下去。

所以，一般人「忍住」不吃東西，或吃會拉肚子的藥，對我是完全行不通的。我的第一步只是先從「晚餐提早」開始，很簡單。

另外，朋友的鼓勵很重要。我部門的同事真的很誇張，看到我就「紙片人！紙片人！」一直亂叫，還有七年級的年輕同事，說我瘦得「很殺」，真的笑死我了。

但他們的話，對我相當有鼓勵的意義。

一旦有人鼓勵，我自然就會少吃一點。這是良性循環。所以，後來即使我去吃比較貴的自助餐，我也不會為了撈夠本大吃特吃。（但如果真的很好吃，還是會再多吃一點，不過我的胃好像變小了。）

更沒想到，我的男性友人和我共進午餐時，竟然忍不住說：

「妳食量好像變小了！我以前常想，妳喔！一個女孩子，怎麼能吃那麼多呢？」

原來，他已經隱忍我很久了！

哈哈！我不敢了！顯然男性友人的督促，對我也很有用。

就這樣過了八個月，我也沒復胖。我現在的新目標，是再瘦兩公斤就好，我想不難。

有人告訴我，她大吃大喝的原因是「心情不好」。

我建議心情不好時，可以用「吃好一點」取代「大吃大喝」，其實安慰效果一樣有，但「吃好一點」比較不會發胖。

另外，我心情不好時會去美容院洗頭，據說按摩頭部，體內會分泌一種令人快樂的「腦啡」，開心一點時，我就不那麼想吃了！

既然講到美容院，其實剪個適當的頭髮，也有變瘦的效果。

另外，全身穿同色系衣褲，也有拉長變瘦的效果。當然高跟鞋加蓋腳踝的長褲看起來絕對變瘦。

不過，為了安全和健康，我喜歡穿「粗跟」的高跟鞋。別忘了我的變瘦重點之一是「不勉強」。

另外想分享的是，外表和「保養」的關係。我很確定，「健康的生活及飲食」，一定讓人看起來比較漂亮。

例如，不抽煙的人，皮膚較好；不熬夜的人，精神氣色較好。

我從小就不太愛吃冰，也不喜歡喝冰飲料，據說吃冰對身體不好，也會屯積腹部脂肪。多年來，我也很少為了玩樂超過十二點睡覺，所以，據說我是本部門同事中的健康第一名。

健康的人，看起來應該會比較漂亮。

我認為，只要擁有一顆「追求更美好的心」，及「讓自己願意持續的行動力」，用對方法，外表就會改進，然後，在職場上的機會的確會變多。

昔日，我做業務四處碰壁，原來......
做業務第一要的是好感度
後來，我痛定思痛
我要減肥！
減很大！
還改變造型
世上沒有醜男人
只有懶男人
如今，我成了全公司最受歡迎的業務
要送行？
交給我就對了

從改變髮型到改變服裝

真正好看的衣服，
不是衣服本身很好看，
而是可以「把你襯托的很好看」的衣服，
它不一定是名牌，
但要適合你。

我常告訴求職者，如果你沒有太多的錢來打點你的面試裝容，就用最基本有效的方法：

剪個俐落、適合你的髮型。

你不一定要找很貴的髮型師處理，但找個你「信任」的髮型師，幫你剪個適合你臉型及職業形象的髮型，只要幾百塊錢，但投資效果最好。

頭部（包括臉及頭髮）佔一個人整體印象的百分之七十，整齊乾淨是討人喜歡的第一步。所以，除非你是藝術工作者，否則男士的鬍子都應修整，不要滿臉鬍渣搞頹廢（很少人想跟流浪漢買東西），指甲保持長度適中，並注意修剪、清潔；皮鞋要擦乾淨、鞋帶要綁緊；袖口、衣領等容易髒的地方，更須特別注意。

其實只要注意清潔，「好感度」就已經大幅提升了。清潔之外，提升外表的好感度，可以再進階到選擇「適合的衣著」。適合的衣著，第一就是「合身」，還有「適合體型」。

我建議買衣服時要儘量試穿，因為掛在模特兒身上和你穿一定不一樣。然後，還要相信自己的感覺。

我的意思是，有的店員會硬是推銷不適合你的衣服，所以好不好看，是否合身，不能全聽別人的意見。

至於皮鞋、領帶也是一樣，「合宜」才能顯出「莊重」。女士可以略施脂粉，但以清爽自然為宜，濃妝艷抹或誇張的化妝手法，對提升你的好感度來說，都是一種冒險。

我認為真正好看的衣服，不是衣服本身很好看而已。真正好看的衣服，是可以「把你襯托的很好看」的衣服，它不一定是名牌，但適合你。

是否可以「把你襯托的很好看」？其剪裁、質料、顏色都有關係。這需要花一點時間去努力找尋適合自己的服裝品味。

除了服裝品味，怎麼照鏡子也要注意。

大部分人出門前，照鏡子都只照「臉」，我覺得這樣不對。當然「臉」很重要，但出門照鏡子應該也要照「全身」。而且前看，後看、整體看。

常有人搭配了一雙不對勁的鞋子，或全身黑西裝卻穿一雙白襪子；或女士穿無袖，卻沒發現腋下沒刮乾淨等等，這些疏忽讓「好感度」大幅下降。

好感度為求職加分

求職者在面談的措詞上，
表達出上進心、
表達與面試公司理念方向相同、
展現思想正面、積極，
則求職好感度就會上升。

求職時，除了考驗你的專業能力外，基本上，也在「嚴格的考驗」你的好感度。

72％的人表示：「外在形象良好，則有助於在第一時間贏得主試官的好感，使得面試順利。」

因此，如何塑造個人專業外在形象，是當前求職者值得學習的面向。

外在形象除了天生外表的條件外，有更廣更深的面向。在「外表儀態」方面，要儀態端莊合宜、態度親切、面帶笑容，還有談吐措詞合宜等。

「行為」面上，則以「態度誠懇」、「談話能專心聆聽、適度回應，且不中間打岔」、「眼神自然、自信且友善的平視主試官」，最為重要。

如果求職者在面談的措詞上，表達出上進心、表達與面試公司理念方向相同、展現思想正面、積極，則求職好感度就會上升。

良好的專業外在形象塑造，多是可以透過努力與練習來達成的，而求職者如能展現前述特質，將可在面試官心中加分。

一〇四人力銀行的調查也顯示，有些言行舉止容易讓面試官產生負面形象認知，求職時一定要極力避免。

像是談吐措詞的不當、不禮貌的態度，以及邋遢與不修邊幅，都是很難讓人留下好印象的。

在不經意中，您可能就因此在別人心裡留下負面印象，讓自己與理想工作機會擦身而過。

笑容跟好感度的關係

**只要你願意開始微笑，
心情也會隨之帶動，
機會也就開始來了。
願意和你交流，
提供幫助的貴人，
也就開始出現。**

被稱為印度獨立之父甘地，是一位總是笑臉迎人的人物。他說：
「如果我沒有幽默感，就無法挺住長久以來的苦戰。」
你是否總是一天到晚愁眉苦臉呢？
你有沒有發現，好運都是朝開朗的人那邊靠近呢？
在充滿明亮、歡樂及朝氣的地方，才是好運會出現的地方。雖然不可思議，
不過仔細想想，的確是如此。

長久以來總是愁容滿面的人，令人避之唯恐不及。

我的一個朋友，十多年來，都是電視台的名主播，我曾看到他在電視台最輝煌的時刻，他的主播時段，一直都是最棒的。

但前年電視台組織改變，他一下子失去主戰場。當時我不免為他擔心，但他永遠笑臉迎人，看不到憂慮。（但我很確定他不是無可救藥的樂天派，而是他懂得「樂觀的力量」。）

果然他不多時進軍餐飲業，在天津街六十六號當起日式火鍋店老闆，非常親力親為，東西好吃的不得了，他把餐廳經營的非常棒。

開朗的人、笑臉不斷的人、充滿朝氣的人，身邊總是會聚集相當多的人氣。反之，灰暗及陰沈的地方，只會剩下不幸。所以，用笑臉開拓人生，的確具有它的正面意義。

如果你感到疲憊和挫折，提醒自己不可以消沉太久，要盡快打起精神笑起來。根據我的經驗，只要你願意開始微笑，心情也會隨之帶動，機會也就開始來了。

當你開始微笑，願意和你交流，提供幫助的貴人也就開始出現了。

不景氣時，ＥＱ要更高

在這種悲觀的氛圍中，
保持樂觀的確不簡單。
但是從歷史看來，
不管現在多糟，
都不會永遠的壞下去的。

這一波的全球金融大海嘯，景氣的惡化速度之快，前所未見。

在這一波的大海嘯裡，不只中高齡及社會新鮮人中彈，連職場最有競爭力的白領菁英，也無法閃過。

號稱捧「金飯碗」的金融業人才，號稱「科技新貴」的科技業人才，也遭遇到裁員、減薪的命運。

更別提每年都會中箭的媒體業，出版業，在二〇〇八年十月，就已經有大裁員的負面消息發生。

大家都說，這一波才剛開始！你問我到底會如何？我不知道，但我告訴我的團隊：

「這時候的你依然要微笑！」

啊！我說的「微笑」，可不是「後知後覺者」的「傻笑」。

「微笑」是有自信的，是要打起精神迎向挑戰，有活力及信心的發揮創意面對未來！「微笑」有鼓勵自己，鼓勵他人的力量。

有人說，氣氛很差，要我「微笑」很難！但我的看法是：

每隔五年左右，上班族就可能會遇到一波裁員失業潮，每次會歷經一到三年不等。

所以，在每個人一生中可能有三十年以上的工作歲月，你至少會碰到五到七次這種光景。

既然如此，不妨把「不景氣」視為一種職場及人生的常態。

在每一次景氣好的時候，多儲備能量，增進技能、儲存漂亮的資歷及多存一點生活費。當景氣不可避免的變壞時，有存糧（工作資歷、技能、生活費）的人，就比較容易渡過寒冬。

而平常就在準備的人，面對不景氣其實是可以坦然面對，是更有信心可以微笑存活下去的人。

另外一個必須要「微笑」的理由是：很現實，你要保持「微笑」，你才有更多的機會。

經我長期的觀察，我發現凡是可以以「平常心」來面對職場變化的人，可以面對變化卻保持優雅及笑容的人，往往可以比較快的找到下一份好的落腳。

職場是一個很妙的環境，你看起來愈光鮮亮麗，你機會愈多。反之，看起來沒有朝氣的人，找工作更難。

我另一個想法是，**不景氣時，EQ要更高**。

我相信最近在大部分的公司，都會有或多或少節省開支、甚至裁員減薪的消息。這波幾乎所有老闆的壓力都很大，員工當然也不能逃避。

在這個時候，千萬不要白目，也不要每天垮著一張臉讓旁邊的人不舒服。

在上班時候還是要以冷靜、全力以赴的朝氣，鼓舞自己也鼓舞別人，讓產能發揮到最大。這是在不景氣中，還是要保有一種「善的循環」。

在這種悲觀的氛圍中，保持樂觀的確不簡單。但是從歷史看來，不管現在多糟，都不會永遠的壞下去的。就像《海角七號》中所說：

「你難道不期待看到彩虹嗎？」

是的，我的確很期待看到彩虹，但我更希望自己可以發揮力量，讓彩虹早點出現。

實力、活力、理解力

不需要工作的有錢人，
不一定快樂。
那些資源不夠豐富，
卻有目標去追逐的人，
可能會更有精神。

有人問我：「妳最欣賞什麼樣的人呢？」

我想，值得欣賞的人應該很多種，但是，如果他是具備「實力、活力、理解力」，也就是人情練達、有能力及有元氣的人，我想我會常常想跟他們相處及學習。

「實力」是什麼意思？

「實力」是可以「獨立，好好生存的能力」。「實力」包括工作能力、及不需要仰賴他人的經濟能力。

有「實力」的人不會缺乏自信心，願意跳出舒適區面對挑戰，因為擁有「實力」，也才有能力分享資源給周圍的人，因此對他人而言，是一個比較有魅力的人。

除了「實力」以外，在這個每個人都嚷著「壓力很大」的時代，能夠保有自身的「活力」，也是一種很迷人的特質吧！

有「活力」的人對事物有好奇、愛學習、能關懷、啟發別人，因此也是「發電機」。

相反於「活力」的是「沒精打采」。工作場合總有些「沒精打采」的人，對工作不認同也不執著，只把工作當成一個勉強的收入來源。雖然對工作充滿了不滿，但也不敢輕易的放棄，因為沒有找到下一分工作的信心。我想這應該稱為「低溫上班族」吧！

「低溫上班族」對新事物不好奇、不關心；不追求成長也不吸收資訊，下班馬上關手機，深怕麻煩事降臨。因為沒有對未來的期待及目標，言語乏味，雙眼沒有神采。這樣的人不僅不會吸引我，還會讓我想逃之夭夭。

另一種缺乏「活力」的原因是健康不佳，不管是身體或心裡，只要不夠健康，都很難活力充沛。所以要有「活力」還得自律，得懂得照顧自己的健康。

所謂「理解力」，就是「懂得人情世故」的能力。

「懂得人情世故」的人懂得體諒且貼心，但可不是人人都做得到。不過，如果到了一定的年齡還不懂人情世故，真的很令人傷腦筋啊！

舉例來說，之前，我參加了一個國外的旅遊行程，旅行團中有一對夫妻帶了兩個小孩同行。途中，兩個小孩哭鬧不休，連續四天，全團團友只要一上車，就得忍耐小朋友輪流啼哭的噪音。雖然很累人，不過因為大家風度都不錯，所以也只有隱忍不說，但有一些年輕的小姐忍不住面露不悅之色，我認為也是人之常情。

當時我想，如果我是這對夫妻，應該會覺得不好意思，跟大家賠個不是，或請大家吃個小點心，來緩和大家的情緒。

不過，從頭到尾，這對夫妻對這種情形漠不關心，甚至下車時，我還聽到這個爸爸抱著他的小孩說：

「我們走遠一點，這些阿姨都在瞪我們！」

顯然這個爸爸嚴重缺乏「理解力」及「同理心」，也非常的自私。

我不禁想，嚴重缺乏「理解力」及「同理心」的人，會有機會在職場及人生獲得成功嗎？

我認為三十歲以後，「實力、活力、理解力」，是一定要努力達到的目標。一個人只要能夠明瞭自己的專長，找到發揮的舞台，並且有好的人際關係及執行力，讓自己擁有不被淘汰的能力，就是一個有「實力」的人。

「實力」，來自於長久不斷的努力。

而「活力」的來源，除了健康的精神及體魄外，擁有自己認同的、值得努力的「目標」，才會激發源源不絕的活力。

所以，不需要工作的有錢人，不一定快樂。那些資源不夠豐富，卻有目標去追逐的人，可能會更有精神。

至於「理解力」的關鍵，我認為除了家庭及學校的教育外，還在於用心。只要願意「站在他人的立場想事情」，就會「懂得人情世故」，人緣也會好，因此處處逢貴人，事業也就比較容易成功。

人為什麼要有禮貌？

求職有禮貌，
你會因此得到工作；
對人有禮貌，
會更容易得到你要的結果。
如果沒有禮貌，
你連基本的好感度都沒有。

常常在跟企業主或人資單位討論到，現在年輕人連求職都缺乏禮貌，更何況工作禮貌。

求職者和面試官約好面試卻不到，是最令企業主管生氣的行為，或是離職了也不說一聲，乾脆把手機關掉。

這種現象不但愈來愈多，我們公司也投下大量的行銷資源，透過廣播、演講、文章來教育求職禮儀。不過，怎麼做好像都不夠。

最近更誇張，一個禮拜之內，本部門接到好幾通大學生的電話，都是要求我們協助做作業。對白如下：

某學生：「喂，我找邱文仁。」

公關部門同事：「請問哪裡找？」

某學生：「我是某某大學某某某。」

公關部門同事：「請問你有什麼事嗎？」

某學生：「我要寫人力資源相關的作業，想採訪邱文仁。」

公關部門同事：「我們邱總監出差了！」

某學生：「那怎麼辦？我很趕耶！」

或是我去外面演講，會有學生攔住我，說某某企業都讓他們企業參訪，我們也應該照做。其實我們公司除了電腦沒有其他東西，再加上保護求職者資料，不方便讓人參觀，大學生卻說：

「讓我們參訪，對你們公司比較好！」

這種思考邏輯讓我相當吃驚！

不過我不怪這些年輕人，我覺得是整體教育出了問題。先別說過去那些爭議不斷的教育官員，我也曾碰到以下的情況，是來自某教育推廣中心的老師。

某老師：「喂，我找邱文仁。」

公關部門同事：「請問哪裡找？」

某老師：「我是某某大學某某老師。」

公關部門同事：「請問你有什麼事嗎？」

某老師：「我要找邱文仁來我們中心教一個行銷課程，每週二及週四晚上共十八小時。」

公關部門同事：「我會傳達她。不過因為總監很忙，我猜可能無法去授課。你們會考慮其他講師嗎？」

某老師語帶威脅：「你轉告邱文仁，如果她不來，我們就找其他人力銀行的人來教。」

如果連老師都這樣思考，這樣講話，學生怎麼會有禮貌呢？

媒體也一樣。我的公關部門一直提供正確、趨勢性的觀察及數據給媒體，以協助資訊提供來達到雙贏的結果。這麼久以來，大多數媒體對我們都相當愛護，不過偶爾也有以下的情況：

某媒體記者語帶威脅地說：「邱文仁，妳如果不配合我們，我們以後就只採訪其他的人力銀行。」

每次碰到這種狀況，我都會很納悶。我並不會介意媒體採訪同業，只要內容是正確的、有價值的，那有什麼關係？甚至有一些我尊敬的同業人才，私下也會交換意見，至於媒體希望我提供的資料、希望我可以做到的事情，只要時間來得及、不違背良心與公司宗旨，我一定盡量提供。

不過像以上那種語帶威脅的話，一年總會來個一兩次，每次我都會疑惑，我們是「受訪者」，為什麼「採訪者」可以說出這樣的話？

因為我個性已經被磨得很溫和，我通常會耐心解釋我們的立場，不過對方未必買單，說不定還會說出更失禮的話。幸好我未曾失控，大概就搖搖頭、摸摸鼻子算了！以後我不會再幫他了。

我想說的是：「人為什麼要有禮貌？」

答案很簡單，因為這樣別人才會把你當成一個「值得尊重的好人」。

求職有禮貌，你會因此得到工作；對人有禮貌，會更容易得到你要的結果。

你願意服務他人嗎？

在職場上，如果你要建立好感度，
「服務他人」是一種很簡單的方法。
因為絕大多數的時候，
他根本不需要你，
也不會注意到你。

去作職場演講時，有個坐在第一排的清秀的女聽眾，一直用憂鬱的眼神看著我。我猜她心裡有事。

果然，等到演講結束時，她希望跟我單獨聊聊，我願聞其詳。她幽幽的說：「邱小姐，我台大畢業的，一畢業，就順利的找到外商公司的企劃工作。」

（聽起來不錯啊！）

她繼續說：「可是，妳知道嗎？我那個老闆，每天都叫我去買便當ㄟ！」

（買便當，有什麼大不了？）

所以我問她：「買便當，很困擾嗎？」

她說：「我台大畢業的啊！我不是來做這種小事的……，妳怎麼會不了解呢？」

我看著這個清秀的女聽眾，想想，就跟她分享了我大學時候的事情。

我大學是念政大，一般科目我沒有問題，但只要碰到體育課，特別是關於球類運動時，我就束手無策。

我大四時，偏偏體育課要考投籃，不管我怎麼練習，我都投不進去。這時候我不免擔心，會因為體育課當掉而無法畢業。

我曾經跟體育老師提議，我可不可以用「交報告」來抵投籃考試的成績，不過老師不准。那時我心想：

「糟了！大概會因為體育課考試不過，而無法畢業吧！」

有趣的事情來了。

我們的體育課，剛好是週二、週四的第四堂，也就是接近中午的那堂。

有天我忽然留意到，我的體育老師，再接近中午時，神色焦躁，口中喃喃自語。我偷偷的跑過去聽：

「他到底在說什麼啊？」

雖然離下課還有十分鐘，我聽到體育老師口中喃喃自語說：

「餓死了，餓死了！」

反正我也摸不到籃球，我乾脆自告奮勇對老師說：「老師你餓了，我幫你去買便當好不好？」

老師喜出望外，馬上掏出五十塊，叫我趕快去。

因為還沒下課，自助餐店的菜都還是整整齊齊的，選擇很多。我用心慢慢挑了幾樣好吃的菜，有肉有青菜，排的整整齊齊，看起來好好吃！

一去秤重，五十七元？沒關係，我自己貼七塊。

拿回去給老師，已經很餓的他好高興！問我錢夠不夠？我說：「剛剛好」。

後來這變成我專屬的工作，每到體育課下課前十分鐘，我就自動幫老師買便當，而且包準色、香、味具全。當然，我偶而會貼點小錢，不過無所謂。

到了期末考投籃，我還是一個都投不進去。我心想「慘了！」沒想到會因為體育課不能畢業。不過，拿到成績以後，發現我六十五分，低空飛過。體育老師告訴我：

「雖然妳體育不行，不過，我覺得妳是一個很有才能的女孩子。妳買的便當好好吃，又豐富，真的很謝謝妳！」

我把我的故事分享給清秀的女聽眾，她並沒有共鳴。

她繼續說：「一直叫我買便當，這麼low-end……氣死人了！所以，我展開了『報復行動。』」

我的天！我趕緊問她：「你做了什麼？」

女聽眾說：「上個禮拜，我乾脆請一個禮拜假！我要餓死他！餓死他！」

我問她：「結果呢？」

她得意的說：「結果，同事跟我說，他一個禮拜就沒中飯吃啊！到下午太餓了，老闆就灌黑咖啡！結果就胃痛起來，然後亂罵人！」

我問她：「你老闆是怎樣的人？」

她說：「他是個很能幹的人啦！背很大的業績，對公司很重要！不過，叫我做那麼『不重要』的事，就是不對！」

我問她：「只要妳不幫他買便當，他就沒中飯吃！然後下午就胃痛，然後亂罵人。他的產能下降，對公司產生負面影響，而且你一堆同事都挨罵。妳真的覺得，買便當那麼『不重要』嗎？」

她似乎有所領悟了，沉思不語。

其實，在我看來，「幫忙買便當」就是一種照顧人的方法。久而久之，被照顧的人產生依賴及感激的心，未來，他也有「資源」來回饋你。

在職場上，如果你要建立好感度，「服務他人」是一種很簡單的方法。

你仔細想想看，你要讓一個比你有資源的關鍵人物或大人物對你印象深刻或產生好感，其實並不簡單。因為絕大多數的時候，他根本不需要你，也不會注意到你。

這時候，「服務他人」的策略，就可以發揮效用。

以「服務」讓關鍵人物對你產生印象及好感度，其實，最後受惠的還是你自己。

Part 4
提升溝通能力

以溝通打開業務、行銷大門

一旦能見度產生、好感度建立，行銷人員還必須持續的溝通，才能維持產品及品牌的好感度，因而得到持續的收穫。

身而為人，天生就有「溝通的本能」及「溝通的欲望」。因為人是透過「溝通」來表達自我，也因此得到所想所要，而溝通能力愈好，個人收穫愈大。這就是為什麼溝通能力是如此的重要。

「溝通」最基本的工具是語言、文字及圖像，但溝通的深度及效果如何？則取決於內涵。

一般來說，成功的業務、行銷人員，其溝通能力都比他人更好。

不過，溝通能力佳，不一定是指口若懸河。不適當的口若懸河，有時候是讓人很討厭的；而溝通能力佳，也並非每次都搶到講話的主導權。

有很多時候，願意「傾聽」或「注視」的對待你的受眾或對象，讓她們感受到被關心，反而是更好的溝通方式。

舉一個實例，你的寵物雖然不會說話，但牠們凝視你的眼神，就讓你得到愛或瞭解牠們的訴求。

這是無聲的、成功的溝通方法。所以，業務或行銷人必須知道，你的「行為及氣質本身」就在進行溝通。

如果你做事井然有序、你有決心、且願意堅持信念，這是一種吸引人的性格。

這種有魅力的行為及氣質，對你的客戶或消費者而言，可以產生正向的溝通及影響力。

以業務人員開發客戶到成交的過程來舉例，其步驟是：

一、建立關係：

拓展人脈、找潛在客戶。

二、探詢：

在認識的人當中篩選對象、確認機會。

三、約訪：

與篩選過的對象會面以創造價值。

四、提案：

這是呈現程度的絕佳時刻，透過吸引人的提案將想法及商機具體化。

五、結案

通常就是你期望的「訂單」。

六、引介：

如果客戶滿意以上的過程，就會有人脈的引介。

在業務人員與客戶「建立關係」的過程中，其溝通能力在於「親和力」。你是個討人喜歡的人嗎？你討人喜歡的外表及個性，就是這個階段的溝通能力。

在業務人員「探詢」的過程中，其「語言表達能力」及「提問力」，是這個階段的溝通能力。

在業務人員「約訪」的過程中，必須知道客戶的需求。先做好功課，讓潛在客戶感受到關心及事前的努力，以及透過「傾聽」瞭解客戶需求，是這個階段的溝通。

在業務人員「提案」的過程中，必須針對客戶需求提出滿足客戶需要的方案，語言表達、圖像等輔助，甚至專業的外表，都是這個階段的溝通工具。

「業務工作」是眾多職務中，收穫最豐富的職務之一，因為它有有無比的機會及獨立性。

值得注意的是，客戶會向自己喜歡的人買東西，客戶喜歡買東西、卻討厭被推銷。所以業務人員的「溝通」是長期經營好感度的過程。

業務人員以不急迫的姿態，相信自身所代表的產品的優越性、透過多拜訪多溝通建立關係，因而得到豐沛的成就感及收穫。

對業務人員而言，「信心」往往是造就銷售佳績的重要因素之一。業務人員所煥發的信心，也是強而有力的溝通能量。

同樣的道理也可以引申到行銷人員。前面提過，行銷人員的工作也是溝通，但可以使用的「工具」比業務人員多。行銷人員可以運用許多工具達成影響力及銷售，其步驟是：

一、探詢：

瞭解產品的屬性，先鎖定潛在消費對象，並探詢潛在消費對象所想所要的重點（通常是產品可以帶來的好處，產品可以帶來某種美好的感觸）。行銷人員常常透過市調研究消費者到底需要什麼？然後確認行銷溝通的重點。

二、建立關係：

確認溝通的重點後，透過廣告、公關、活動等手法，讓潛在消費者認識產品。

三、引發行為：

認識產品的優越性後，引發好感度及購買。

四、引介：

如果客戶滿意，有可能口碑相傳，這是最好的行銷。

在行銷人員與潛在消費對象「建立關係」的過程中，其溝通能力的起點，在於「了解消費者想要什麼」，這必須先透過「探詢」的過程，和業務的原則雷同。

然後，行銷人員運用「語言表達能力」、「文字表達能力」、「圖像表達能力」、「聲音表達能力」等等，甚至以「代言人」等方式，打動消費者的心。

行銷人員對消費者「提案」的過程，往往就是廣告或活動所傳達的概念，相較於業務人員，行銷人員可以運用的工具多了很多，但一定得面臨激烈的市場競爭。

所以，行銷人員要瞭解的行銷知識及技術，就更多元了。

其實，「行銷工作」是非常有趣，也擁有無比的機會的工作。行銷人員的「溝通」，也是長期對消費者經營好感度的過程。

一旦能見度產生、好感度建立，行銷人員還必須持續的溝通，才能維持產品及品牌的好感度，因而得到持續的收穫。

提升你的說話技巧

提升說話技巧的第一步，
不妨從學習「稱讚別人」開始。
「稱讚」、「鼓勵」可以公開、大聲點。
至於一定需要「批評」、「責罵」部屬時，
不妨關起門來。

雖然「溝通」的工具很多，但「說話」絕對是最重要的工具。話人人會說，但是，說的「好」的人卻不一定多。能把「話說得好」，就是一種絕佳的競爭力。而話語中最迷人的聲音，就是「稱讚的聲音」。

你有沒有發現，有些公司是聽不到「稱讚的聲音」的？

在這類公司中，稱讚別人，自己彷彿就矮了一截。於是，這種辦公室環境充滿了疏離的氣氛，員工彼此間充滿敵意，因為同儕壓力高，生產力日益落後。

這些員工看起來冷漠僵硬。當他們一抓到別人的把柄，就猛烈批評。愈是夕陽西下的企業，愈聽不到稱讚的話。相反地，當企業的目標明確，全體員工都認為自己在參與重要的事業時，稱讚與感謝的話，就會自然地流露。

「稱讚的聲音」是話語中最迷人的聲音，但是不易獲得。想想，已經有多久沒有人稱讚過你？而你又多久沒有稱讚別人呢？

所以，提升說話技巧的第一步，不妨從學習「稱讚別人」開始。

身為部門主管的我，深深的體會到，「稱讚」、「鼓勵」同仁比「批評」、「責罵」的效果好太多了。

而且，「稱讚」、「鼓勵」可以公開、大聲點。至於一定需要「批評」、「責罵」部屬時，不妨關起門來。

舉例來說，我們行銷處之前的秘書佳蓉，就是一個很懂得稱讚別人的人，她不吝於稱讚別人，她特別會善用眼神，讓人感受到她稱讚的誠意。

她溝通能力強，嘴甜，人際關係極好，因此工作做得非常好。我相信每個被她稱讚的人，都會感到她的誠心而真的開心。

這幾年來，行銷處因為她的能力及努力，成長許多。即使面對公司的大老闆，她也會說：

「老闆，您今天這樣穿有帥喔！」

這樣說讓平常嚴肅的老闆很開心。

其實，愈是坐在高位的人，身邊愈沒有人會去主動關懷或稱讚。但是老闆也是人，也需要鼓勵，佳蓉誠懇的表達讚美，讓身邊的人都喜歡她，因此做事格外順利。她無論對內、對外都遊刃有餘。

佳蓉的頭銜是秘書，但也是一位優秀的行銷、公關人員。如果她願意挑戰業務工作，溝通能力也是具備的。

提升你的文字表達能力

e-mail雖然有許多危險，
小心用它還是利多於弊。
所以，
它是天使？還是惡魔？
其實是由你決定的。

溝通除了說話之外，還有寫字，也就是文字表達能力。文字表達能力的提升，一是要多閱讀，提升語文能力；再來，多練習。就像其它需要努力的事一樣，可以觀摩別人的作品，然後以練習提升速度及質感。

不過，現在辦公室多半使用e-mail，e-mail它雖然方便，但也有危險的地方。所以，很多人會疑惑：

「e-mail，究竟是天使或是惡魔？」

一封新人的回信

最近我們一位行銷處的資深部門經理，指導了台中分公司的新進同事修改了待發的新聞稿，之後，這位新人的回信e-mail內容如下：

Dear 佳惠：

你的調整內容很棒，這邊沒需要修改的，

只有第二頁第一行有壓到圖，「條」一下格式就ＯＫ了。

感謝妳發送記者媒體，

到時候是否能提供我們發送給哪些媒體做為參考及追蹤？

感謝您～

小丸子

如果你還看不出這封e-mail有什麼問題，那要請你再看一遍。

這封回信，可是一位「初階的新人」寫給跨部門「資深主管」的信。不過，它怎麼好像一個主管寫給部屬的信呢！

另外，其中還有一些錯字。

這位資深主管收到後看了啼笑皆非；我看了，也只有皺眉搖頭的份。

後來我想想，新人是需要教的。所以我還是打電話給台中的主管，請他稍微提點一下這位新人的用詞。

用辭不當「馬上」曝露缺點

曾幾何時，e-mail已經變成上班族溝通最重要的工具之一。它的方便、快速及可追溯性，減低了很多上班工作的負載。

比起以前沒有e-mail，傳遞訊息又貴又不方便的時代，e-mail的出現就像「天使」一樣的可愛。

但是，發e-mail還是有很多危險，沒有處理好，e-mail就像惡魔一樣的麻煩。

另一方面，發e-mail因為太方便了，寫的人，也就不知不覺的鬆懈起來。

舉例來說，三年前，公司來了個留美的新人，到職之前，她的主管就告訴我，新人學歷不錯，應該還滿優秀的。

她來的第一天還寫了一封e-mail給我自我介紹。不過，這封e-mail整篇不到八十個字，她不僅把我的名字寫錯，文中還有另外三個錯字。

坦白說，這封e-mail讓我沒辦法把她跟「優秀」聯在一起。雖然我一直對她保持表面的和善，但我每次一看到她，腦海浮現的就是她當初帶給我的「草率、程度不好」的第一印象，真的很難抹滅。

如果你代表公司寫信給客戶，用辭及質感更加重要。因為，這時候你是「代表公司」的。如果你用詞沒有敬意，客戶會覺得被冒犯。如果你有錯字，客戶會聯想到你們公司的服務品質不佳。

在商業世界中，e-mail的正確使用，真的很要緊。

一不小心就洩露公司機密

因為公司大，常常很多跨部門的討論都在e-mail中溝通。當內部用e-mail討論時，為了要讓參與的人瞭解所有的來龍去脈，前面的e-mail未必會刪掉。

有一次，就有個白目同事，把一封長達十幾串內部討論的e-mail，整串轉送給協力廠商（而前面的內容，就是內部討論如何與該廠商談判的）。

結果，這個白目同事只花一秒鐘，就洩露了整個內部採買的討論內容！

所以，e-mail雖然是個好用的工具，他也是最容易洩密的工具。

另一個要小心的是，電腦軟體太貼心了！它有自動紀錄收件人的位址及名稱的功能，但同名的人很多，如果送e-mail不小心，常常會「送錯對象」而不自知。如果內容是屬於公司機密，那就糟糕了。

如果是寄給客戶的信，需要更小心。

激動發e-mail覆水難收

這是我的親身經歷。

有一次，我的直屬主管誤會了我，寫了一封很嚴厲的e-mail來指責我。我看了e-mail後深感委曲，馬上就寫了一封非常激動的抗議信給他（身為作家激動起來時，真是文思泉湧，用詞精準犀利……）。

幸好，在我送出e-mail給主管前，我去洗手間洗把臉冷靜一下。等到我回座位時再次看到那封我寫的e-mail，措辭非常激烈，送出去可就糟糕，嚇得我趕緊把它刪掉。

我奉勸大家在「激動狀態」下，不要寫e-mail送出。因為，當e-mail一送出去，會比說錯話更加的覆水難收。

更糟的是，e-mail還可能輕易流傳給很多人，想裝傻不認帳都不可能。

沒有重點就會破壞形象

我有個同事很喜歡搞笑。每次發e-mail，他都先拉拉雜雜扯一堆，才開始講正事。

雖然他可能只是轉貼個笑話想要讓大家工作輕鬆一點，不過，當我看到後面才知道這原來是一封「會議通知」時，我會感到很討厭。

我覺得，他不僅抓不到重點耽誤我的時間，還透露出「他其實很閒」這件事。

在工作環境中，寫e-mail應該在寄件的「主旨」上，就標明信的重點，這可以讓收件人決定，是不是要馬上看這封信。

另外，有禮貌的簡單問候後，以「條列式」清楚的說明要傳達的訊息，可以幫助收件者瞭解他應做的回應。

如果你寫e-mail沒有重點，破壞形象不只一點點。

不小心就透露他人隱私

網路的世界中，大家都很喜歡分享，但垃圾郵件很多真的也令人困擾。有些人在寄e-mail的時候，把一整串收件人的e-mail address一口氣送出，卻沒有意識到e-mail address和家裡的「地址」一樣，也是一種「隱私」。其實，要避免洩露他人隱私，只要用一點心就可以。

我想習慣用e-mail的人，一定不可能再回到過去沒有e-mail的時代。所以，雖然它有許多危險，小心用它還是利多於弊。所以，它是天使還是惡魔，其實是由你決定的。

溝通與回應的「時間性」

「慢」不一定不好，
有時候真的「事緩則圓」。
而且，有些事你急也沒用。
從一次又一次的職場歷練中我體會到：
「等待，有時候也是一種必要的努力。」

現代職場都強調要方便、快，但什麼事都「快」就好嗎？最近，我碰到一些難題，我才想通一些事，和啟用新的做事方法。

這一年來，本部門一直被某個同事S煩擾。S負責個新成立的小部門，他雖然積極，但做事的邏輯和大家差距太大，沒章法也沒有效率。

更精的是，他缺乏禮貌，不懂人情世故。他經典的作風是，他會跑到不同部門（特別是必須支援大家的行銷部），自以為是的「發包」工作給大家。過去，我部門做事的原則一向是：

「在有限資源下，盡全力協助各部門，可以做到的，絕不拖延。」

但是，行銷處多次讓Ｓ「有求必應」的結果，不但沒有對該部門產生業績貢獻，而且「撲過來」的麻煩愈來愈多。如果這些付出能發揮產值也罷，偏偏事情的源頭不對，根本不會有好結果。

配合了幾次，Ｓ就讓我部門的同事開始跟我抱怨。後來，我發現我再不處理這些抱怨，部門的士氣就會下降了。

一開始，我覺得我該跟我們的老闆說明，講清楚和Ｓ互動的原則。

不過我也知道，雖然，我已經把Ｓ的問題看清楚，但日理萬機的老闆卻未必知道。而且，就算老闆已經耳聞他的狀況，對於一個新部門，老闆也得花點時間，才能接受這個事實、或決定處理這件事。而且，老闆明白告訴我，不希望我此時在他身上「掛猴子」，擺明了我得自己「看著辦！」

我該怎麼辦呢?對一向以效率為榮的我，只好採用「以慢打快」的作法。

當Ｓ對我們提出需求時，不管行銷部門是否可以做到，也不管是不是舉手之勞就做得到，**對他，我得勉強自己，不在「第一時間」回應**。

我把事情緩緩，也就是說，碰到Ｓ時，我得反應「慢」一點。當我學著這樣做，我就已經不給他一直「亂丟工作」的機會了。

過程中我一直提醒自己，不能一直陶醉於我自豪的「速度」。不管本部門能力多強，我不可以再「隨他起舞」。我必須決定：

「把部門的產值用在『對公司更有貢獻』的地方。必要時，我得反問他許多必要的問題。」

當然，我這樣做，沒有全力配合S，老闆可能會誤會我偷懶，這是我的風險。不過以我過往的「積極性」風評，我認為風險不太大。

就這樣過了好幾個月，忽然間，他被換掉了，事情也就解決了。

我必須承認，「慢」對我們這種相當積極的人格來說，的確不容易。不過，「慢」不一定不好，有時候真的「事緩則圓」。而且，有些事你急也沒用。說真的，我自己也是從一次又一次的職場歷練中體會到：

「等待，有時候也是一種必要的努力。」

英語能力是溝通的基本技能

**台灣人大多有學習英語的動機，
但卻沒有培養起「持續努力」的習慣。
從事業務、行銷的你，
千萬不要因基本功的不足，
阻礙你的前途與錢途。**

過去幾年，我不斷的在講現今英語能力的重要性，但看來效果不彰。根據二〇〇八年大學指考成績公佈，英文科的頂標與底標成績足足相差六十七分，是各科當中高低分數落差最大的科目。

但台灣人的英文程度不佳，不只是高中生的問題。上班族中有高達63%的人自認英語能力無法符合企業期待。

而且83%的受訪者認為，自己的英文程度落在「高中生以下」的程度。其中還包括16.6%人說自己「完全不具備」英文能力。

不瞞您說，曾留學美國的我，目前也每週乖乖的去上英語補習班。不是說我多認真，只是因為我知道，要面對未來的職場，「這是必要的」。

舉例來說，我上海的同事，英語一個比一個好，而且，大陸籍的同事英語更好！因為，當企業不斷追求國際化、英語能力已經稱不上是一種獨特的競爭力，而只是基本工夫了。

對於業務、行銷人才來說，具備英語能力，可以溝通的人更多，舞台更大。在不斷強調英語能力的同時，觀察四周，台灣上班族似乎沒有信心面對這股國際化的趨勢。而英文的聽、說、讀、寫四大能力當中，台灣上班族最沒有信心的項目，主要是「說」與「聽」。

我認為對英文程度信心不足，可能是上班族進入職場後，沒有持續性地加強語言能力，導致所能運用的英文程度「停留」在過去的學習經驗中。

這也是為什麼雖然我英語能力還可以，也不想只停留在過去，還得不斷的努力。

若想要加強「聽」和「說」的能力，建議你能為自己創造一個「有趣」的學習環境，包括在使用e-mail、msn、skype時都以英文與對方互動，多聽ICRT或看無字幕的影集訓練聽力、並可多參加英文講座或學習課程，訓練自己的耳朵和口語表達能力，自然有機會訓練到英文「聽」、與「說」的能力。

我脖子上掛的i-pod，裡面有很多從亞馬遜買回來，有趣的英語脫口秀錄音，我習慣在搭車「零碎的時間」，或「臨睡的時間」，給自己聽聽有趣的話題，只是那是英語的。

因為內容有趣，才會一直想聽。另外，我一有空就看CSI犯罪現場（全美最受歡迎影集），學習不看字幕，用聽的。

我認為台灣人學習英語的動機一定有，但沒有培養起「持續努力」的習慣。如果以上的方法你都不適用，就給自己設下一個考多益測驗的計劃，或上補習班。

總之，英語溝通能力將愈來愈重要。從事業務、行銷的你，千萬不要因基本功的不足，阻礙你的前途與錢途。

圖像溝通是宇宙共通語言

部落格天后彎彎，
是台灣「圖像溝通」的代表性人物。
彎彎筆觸的親切感，讓她人氣爆增。
而彎彎漫畫的高人氣，
也創造了極高的週邊產品價值。

圖像，其實是一種世界共通的語言，圖像易於跨文化溝通，且可引發無限想像力。而想像力也是一種魅力。

從知名的部落格主彎彎，二〇〇四年在無名小站開闢個人網誌，以簡易的漫畫線條及簡短的文字表現上班族的心情，在二〇〇七年已突破一億人次。

與其說彎彎以文字溝通成功，不如說是彎彎「圖像」筆觸的親切感，讓她人氣爆增。應該是目前台灣「圖像溝通」的代表性人物，也創造了極高的週邊產品價值。

長期從事業務、行銷的兩位本書作者，從二〇〇九年年初開始，也開始摸索、體會部落格行銷的魅力及方法。

二月先開闢了「黃至堯VS.邱文仁 104職場進化論部落格 http://tw.myblog.yahoo.com/104-cntw」，等到半年後，104職場進化論每天都有固定的收看族群及流量後，再接著開闢「高彩度人生」部落格。

「高彩度人生」部落格這次以「圖」為主，圖像主要來自日本畫家初見寧及邱文仁，而開站第一天就有一百多人流覽，可見圖像的魅力不容忽視。

接著「高彩度人生」部落格的圖像將不斷的更新及產出，至於會有什麼的其他的產出呢?如果圖像的經營成功，就可以參考彎彎，而有週邊商品的產生。

「LOGO」也是圖像溝通的要角。一個香奈兒皮包少了那個LOGO，價值馬上下降到十分之一不只。一件運動服如果多了一個NIKE的「勾勾」，售價馬上提升。

這是品質經營者以圖像來代言整個品牌精神及品質的典範。

以「意外性」做記憶度溝通

光靠一個好名字，
就可以在眾多同類型產品中脫穎而出。
行銷或業務人員想到產品或服務，
要對外「溝通」的層面時，
也可以從取一個好名字開始。

最近認識一個老闆，他的店叫做「新巴黎滷味」，還賣「香草麻辣口味」，很有趣吧！不要小看這家店，它可是一個月營收七位數字。

「新巴黎滷味」勝出的條件，除了東西相當好吃外，從名稱的「巴黎VS.滷味」及「香草VS.麻辣」強烈對比的意外性，就可看出這位老闆行銷上的用心。

「意外及對比」的確是一個增進記憶度的行銷技巧。其實引申到人本身也是一樣。

多年前我在金飾公司上班時，常常要替金飾產品命名。還記得兔年那年的年度金飾，是華納的BUGS BUNNY的擺件，有兩組。

單獨一隻兔子那件，我給它取名叫「揚眉兔氣」。

有兩隻兔子的那件，我給它取名叫「得意同行」。

因為名字意思不錯又吉利，雖然金飾擺件單價不低，但銷售成績卻不俗。

近年來，我很喜歡的一個產品是「窈窕美帶子」，我覺得這個名字真是不錯。一方面跟「櫻櫻美代子」諧音很像，有幽默感；一方面，「窈窕美帶子」把減肥腰帶的功能完美呈現在這幾個字裡面。

光靠一個好名字，就可以在眾多同類型產品中脫穎而出。

所以，行銷或業務人員想到產品或服務，要對外「溝通」的層面時，也可以從取一個好名字開始。

就像你的名字，就是你跟他人溝通的第一步喔！

國家圖書館出版品預行編目資料

左手行銷力 右手業務力一職場必修的2堂課
／邱文仁、黃至堯 著
第一版 -- 臺北市 ： 文經社 ， 2009.09
面 ； 公分. --（文經文庫； 248）

ISBN 978-957-663-583-0（平裝）
1.銷售 2.行銷人員 3.職場成功法
496.5 98017053

文經社

文經文庫 248

左手行銷力 右手業務力一職場必修的2堂課

著 作 人 一 邱文仁、黃至堯
發 行 人 一 趙元美
社 長 一 吳榮斌
編 輯 一 管仁健
美術編輯 一 顏一立
出 版 者 一 文經出版社有限公司
登 記 證 一 新聞局局版台業字第2424號
＜總社．編輯部＞：
地 址 一 104 台北市建國北路二段66號11樓之一（文經大樓）
電 話 一（02）2517-6688
傳 真 一（02）2515-3368
E-mail 一 cosmax.pub@msa.hinet.net
＜業務部＞：
地 址 一 241 台北縣三重市光復路一段61巷27號11樓A（鴻運大樓）
電 話 一（02）2278 3158．2278 2563
傳 真 一（02）2278-3168
E-mail 一 cosmax27@ms76.hinet.net
郵撥帳號 一 05088806文經出版社有限公司
新加坡總代理 一 Novum Organum Publishing House Pte Ltd. TEL:65-6462-6141
馬來西亞總代理 一 Novum Organum Publishing House (M) Sdn. Bhd. TEL:603 9179 6333
印 刷 所 一 普林特斯資訊有限公司
法律顧問 一 鄭玉燦律師 (02)2915-5229
發 行 日 一 2009年 10 月 第一版 第1刷
11 月 第4刷

定價／新台幣 220元

Printed in Taiwan

缺頁或裝訂錯誤請寄回本社＜業務部＞更換。
本社書籍及商標均受法律保障，請勿觸犯著作權法或商標法

文經社在「博客來網路書店」設有網頁。網址如下：
http://www.books.com.tw/publisher/001/cosmax.htm
鍵入上述網址可直接進入文經社網頁。